für Malte
nachträglich zum
Geburtstag
2017!
Iris

ullstein

DAS BUCH

WALDEN ist das Magazin für alle, die gern draußen unterwegs sind. Es steckt voller Inspirationen für Abenteuer vor unserer Haustür, Wissenswertes über Natur und Unterwegssein sowie Ideen für Dinge, die jeder draußen selber erleben kann. Und genau das bietet auch dieses Buch: Im *WALDEN Field Guide* erfahren Sie alles Wichtige – und auch manches Kuriose – über Deutschlands Tier- und Pflanzenwelt, über unser Wetter und unsere Geographie. Mit diesem Büchlein tragen Sie Deutschlands Flora, Fauna und Klima quasi in der Jackentasche oder im Wanderrucksack – übersichtlich nach Monaten und Rubriken gegliedert und so informativ wie unterhaltsam.

DIE AUTORIN

Barbara Lich ist Redaktionsleiterin der Zeitschrift *GEOlino* und schreibt als freie Autorin unter anderem für *WALDEN*. Sie lebt in Hamburg.

BARBARA LICH

Der WALDEN Field Guide

DAS GANZE JAHR UNTERWEGS IN DEUTSCHLAND

Mit Illustrationen
von John Coe

ULLSTEIN

Besuchen Sie uns im Internet:
www.ullstein-taschenbuch.de

Der Abdruck der Illustrationen von Rolf Witschel und Paul Richter erfolgt mit freundlicher Genehmigung der Neumann-Neudamm AG, Melsungen.

Originalausgabe im Ullstein Taschenbuch
1. Auflage April 2016

Umschlaggestaltung und Titelabbildung: © coecreative – modern graphic design – John Coe
Lektorat: Oliver Domzalski
Abbildungen im Innenteil: Rolf Witschel (S. 13, 31, 49, 71, 89, 151, 171, 189, 209, 227), Paul Richter (S. 111, 131); coecreative (alle anderen)
Layout: coecreative – modern graphic design – John Coe
Satz: L42 Media Solutions, Berlin
Gesetzt aus der Plantin MT Pro
Druck- und Bindearbeiten: CPI books GmbH, Leck
Printed in Germany
ISBN 978-3-548-37660-8

INHALT

PROGRAMMVORSCHAU

Die Natur verspricht vieles: Liebesschnulzen, amouröse Abenteuer und Reality-Soaps. Familienserien. Krimis und Thriller mit wilden Verfolgungsjagden, selbstverständlich hochkarätig besetzt und damit besser als der *Tatort*. Auch Open-Air-Konzerte sind alljährlich in Planung – Spektakel und Blitzlichtgewitter garantiert. Im Spätprogramm laufen zudem jede Menge Glamour-Shows mit ungezählten Stars und Sternchen, Highlights und Lichteffekten – Nachtleben pur. Die Natur, sie bietet ihrem Publikum jeden Monat ein ausgefeiltes Programm, Tag für Tag und Nacht für Nacht. Der Eintritt ist frei.

Wir müssen bloß hingehen: raus aus dem Haus, weg vom Asphalt. Rein in den Wald, rauf auf den Berg. Vielleicht ein wenig so wie Henry David Thoreau im Jahr 1845.

Sicher, der Amerikaner war ein »Waldkauz«, irgendwie. Ein Außenseiter und »Draußenseiter«, der seine Heimatstadt Concord in Massachusetts verließ, um in einer selbstgebauten Blockhütte am Walden Pond zu leben, mitten im Grünen und doch nur ein paar Kilometer von der Stadt entfernt. »Jage deinem Leben nach«, schrieb der Autor dazu in seinem Werk *Walden oder Leben in den Wäldern*. Und genau das machte Thoreau, gut zwei Jahre lang, als Eremit auf Zeit.

Er sah den Frühling einziehen und den Sommer kommen, den Herbst herankriechen und den Winter die Landschaft packen. Manchmal pflegte er den Müßiggang, saß bloß da und guckte. »Es war keine meinem Leben abgezogene, sondern um so viel dreingegebene Zeit«, notierte er später. Da hat der Frei- und Frischluftgeist recht: Draußen sollten wir unsere Zeit großzügig verschwenden – es wartet so vieles auf uns. Der *WALDEN Field Guide* zeigt, was wann ansteht.

Dies ist also kein Bio- oder Bestimmungsbuch, sondern ein Programmheft für Flora und Fauna in Deutschland: Endlich kein Naturschauspiel mehr verpassen! Wer balzt, wer laicht, wer wirft? Wer fliegt davon, wer kehrt zurück? Wer jagt, wer schläft, wer lärmt, wer ruht? Was fruchtet, wächst, gedeiht? Und vor allem: Wie, wann und wo geschieht all das? Oft genug in Laufnähe zur eigenen Haustüre. Denn genau dort starten Makro-, Mikro- und Nano-Abenteuer, manchmal sogar schon auf der zugewucherten Verkehrsinsel vor der nächsten Bushaltestelle.

Der *WALDEN Field Guide* will Begleiter sein und all jene Abenteurer und Entdecker eskortieren, die gern draußen sind, sich kleine Fluchten leisten. Die dabei nicht den Nervenkitzel suchen, sondern Spaß; nicht Thrill, dafür Erlebnis. Outdoor-Menschen, die die Sonne lieben genau wie den Wind, die bei Regen eine Jacke überziehen – und sich währenddessen fragen, mit welchem Tempo die Tropfen wohl vom Himmel fallen oder wieso ein Sommerschauer duftet. Denn auch darauf liefert dieses Buch Antworten: auf die vielen spannenden Fragen rund um das Wetter und die Wildnis hier bei uns.

Eines noch, bevor es losgeht: Sämtliche Wetterdaten in den Monatsstatistiken – Temperaturen, Regentage, Sonnenstunden – sind Durchschnittswerte für Deutschland. Selbstverständlich kann auf Rügen und in Niederbayern die Sonne scheinen, während es in Hamburg und im Siebengebirge regnet. Auch viele der in diesem Buch angekündigten Ereignisse unterliegen wetterbedingten Schwankungen; sogar zu Ausfällen mag es kommen. Änderungen am monatlichen Programm behält sich die Natur eben vor, Abweichungen sind immer wieder möglich. So ist das nun mal im Live-Programm.

JANUAR

* Monats statistik *

NAME:

Der Januar ist der »Anfänger« des Jahres. Sein Namensgeber: der römische Gott Janus mit seinen zwei Gesichtern. Er symbolisiert den Anfang und das Ende.

TAGE:

31. Der Januar startet stets mit demselben Wochentag wie der Mai des Vorjahres. Fällt der 1. Januar auf Montag bis Donnerstag, gehört er zur ersten Kalenderwoche eines Jahres, da diese dann aus mindestens vier Tagen besteht.

MITTLERES TEMPERATURMAXIMUM: 2,1 °C

MITTLERES TEMPERATURMINIMUM: -2,9 °C

REGEN-/SCHNEETAGE > 1MM: 11

SONNENSTUNDEN PRO TAG: 1,6

BESONDERHEIT:

Der Januar ist bei uns der kälteste Monat des Jahres.

BAUERNREGELPOESIE:

»Auf trockenen kalten Januar folgt viel Schnee im Februar.« – »Wächst das Gras im Januar, ist's im Sommer in Gefahr.« – »Je frostiger der Januar, desto freundlicher das Jahr.«

TIER DES MONATS
JANUAR

Verspielt:

DER FISCHOTTER

Lutra lutra

IN KÜRZE

ABMESSUNG: Von der Marderschnauze bis zur Steuerschwanzspitze wächst manches Exemplar auf 150 Zentimeter Länge heran und wiegt dann bis zu 15 Kilogramm. Otto-Normal-Ottermännchen bringen meist jedoch »nur« um die zehn Kilogramm auf die Waage, Weibchen etwas weniger.

ZUHAUSE: saubere Flachwasserflüsse, -bäche und -seen mit üppig Grünzeug und Gehölz am Ufer.

IM JANUAR: wintersportlich, zu Lande und zu Wasser. Fischotter rodeln Hügel hinab und betreiben Eisfischen auf zugefrorenen Gewässern.

Ob am Schaalsee, im Lausitzer Teichgebiet oder an der Mecklenburger Seenplatte: Der seltene Fischotter stürzt sich selbst im Winter ohne Frostfrust ins kalte Wasser – zum Eisfischen. Sein Fischotterfell ist schließlich »100 % waterproof«: Bis zu 50 000 Haare tummeln sich auf einem Quadratzentimeter seiner Haut. Und diese sind verzahnt wie ein Reißverschluss. So schließt der Pelz Luftbläschen ein und bildet ein Polster, das rundherum dicht hält.

Apropos: Abdichten kann der scharfsinnige Räuber auch seine Nasenlöcher und die runden, knopfkleinen Ohren – perfekt für den Beutezug unter Wasser. Der Fischotter jagt also top isoliert, vorzugsweise in der Morgendämmerung. Sein Lieblingsfressen (logisch): Fische; das verrät ja schon sein Name. Gern filetiert er seine Beute, schnappt sich mit Vorliebe die besten Rückenstücke und lässt den Rest einfach liegen. Als Sättigungsbeilage verschmäht er aber auch Krebse, Frösche, Wasservögel, Schnecken und Schermäuse nicht. Hauptsache, der Ottermagen füllt sich mit 500 bis 1000 Gramm am Tag. Dann kichert der Säuger froh.

Denn so scheu der Fischotter auch ist: Die Schnauze hält er selten. Um sein natürliches Laut-Repertoire beneidet ihn vermutlich jeder professionelle Geräuschemacher: Verknallt pfeift und trillert er in den hellsten Tönen. Bei Gefahr schnaubt und kreischt er zornig. Fühlt er sich wohl, kichert und keckert er eben – etwa wenn er Kopf voran Schnee- und Eishügel hinunterschlittert wie Rodler am Berg. Der Otter ist nämlich ein Spieler. Allerdings oft genug ein »Solitärspieler«, verbringt er doch die meiste Zeit seines Lebens allein.

Umso schwerer ist es, ihn in freier Wildbahn zu beobachten. Mit viiieel Glück gelingt das vielleicht aber doch, in der Dämmerung auf den Otterpfaden rund um Hankensbüttel am südlichen Rand der Lüneburger Heide zum Beispiel. Dort gibt es auch das »Otter-Zentrum«, ein 60 000 Quadratmeter großes, von Februar bis November geöffnetes Freigelände, in dessen Gehegen Otter-Sichtungen zu jeder Jahreszeit garantiert sind.

Das Line-up im JANUAR

Ruhe, bitte! Flockt Schnee vom Himmel und legt sich über die Landschaft, ist alles so schön leise. Denn die stets sechseckigen Eiskristalle verhaken sich während ihres Landeanflugs von Wolke zu Boden zu fluffigen Büscheln. Zwischen den Kristallen bilden sich Hohlräume – eine Schneedecke enthält knapp 90 Prozent Luft. In diesem Kristalllabyrinth versenden sich die Schallwellen: Solange er locker bleibt, schluckt der **Schnee** Schall überall.

Den Schnabel halten? Das fällt **Kohlmeisen** schwer. Deshalb trällern die Frühstarter oft schon zu Jahresbeginn ihren Schlager »Tsi-da, tsi-da, tsi-da, tsi-da«. Frieren die Sänger, verwandeln sie sich in einen »Federball«: Das aufgeplusterte Gefieder isoliert den Körper.

Manches Topmodel mag sich den Stoffwechsel einer **Spitzmaus** wünschen: Ihre Herzfrequenz liegt zwischen 800 und 1000 Schlägen pro Minute. Der Energieumsatz ist enorm, die Fellkugel nimmt quasi ständig ab. Toll für den Laufsteg, mies fürs Überwintern. Käfer, Larven, Spinnen, Asseln – ständig braucht die Fressmaschine Nachschub. Darum wuselt der Winterhektiker auch jetzt durch Wald und Flur. Sein Motto: Friss oder stirb! Zwei Tage ohne Nahrung überlebt er nicht.

Wellhornschnecken legen Weicheier, im Winterhalbjahr schlüpft daraus der Nachwuchs. Die Flut spült die geknäuelten Kapseln an den Strand. Doch verweichlicht sind die Wattbewohner nicht: Sie morden im Norden! Dazu klemmen sie den Rand ihrer Gehäuse zwischen die Schalen von Herzmuscheln und saugen diese in einer Viertelstunde leer.

Die tun nix, die wollen nur fliegen: Tatsächlich gibt es **Wintermücken** – robuste Sechsbeiner, die derzeit an sonnigen Tagen durch die Luft tanzen. Sogar in Höhenlagen von mehr als 3000 Metern schwärmen die kälteresistenten Insekten aus. Netterweise ohne zuzustechen.

Zwergsträucheraufstand! Die hellrosa **Winterheide** schiebt sich durch den Schnee. Das Heidekraut wächst vor allem in den Mittelgebirgen und den Alpen, etwa im Harz oder Allgäu. Später im Jahr sind ihre immergrünen Blattnadeln ein gefundenes Fressen für zahlreiche Raupen und Wanzen.

Im Nationalpark Unteres Odertal bei Criewen ist die Stimmung gut, ebenso an den Küsten von Nord- und Ostsee. Die **Singschwäne** geben Open-Air-Konzerte, laut und ausdauernd ist ihr Gesang. Der Trick: Ihre Luftröhre liegt in Schlingen, ähnlich der Form einer Posaune. So erzeugen die Wintergäste aus dem hohen Norden tiefe, nasale Rufe, die Hunderte Meter weit hörbar sind – nicht nur zur gerade beginnenden Balzzeit.

Besser als Botox wirkt die »Reflektor-Rinde« der **Birke**. Die weiße Holzhaut wirft das Sonnenlicht zurück und sorgt so für ein weitgehend furchenfreies Antlitz des Stamms. Eine winterwichtige Angelegenheit, nicht nur optisch, denn in eisigen Nächten gefriert das Wasser im Holz. Ohne den Reflektor-Effekt würde es die solare Heizkraft am Tage zu stark erwärmen. Durch die ständigen Temperaturschwankungen entstünden Risse, die Schädlingen wie Pilzen einen prima »Nistplatz« böten.

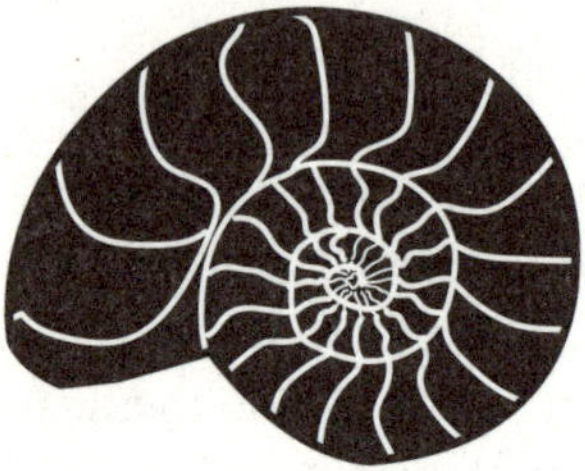

Das Brodtener Ufer bei Travemünde an der Ostsee ist ein steinreiches Fleckchen Erde. Hier finden sich Granit, Kalk-, Sand- und Feuerstein, Gneis und Kreide aus verschiedenen Erdzeitaltern. Gerade jetzt verursacht winterliches Wind- und Wettergetöse immer wieder Abbrüche von dem teils 20 Meter hohen Steilkliff. Der wahrlich steinige Weg entlang des Ufers lohnt sich dann besonders für **Fossiliensucher**. Ihr Finderlohn: versteinerte Seeigel, Muscheln, Schnecken aus längst vergangenen Zeiten.

Der Apfel fällt nicht weit vom Stamm – auch der Gallapfel nicht. Er wuchert als Knubbel an der Unterseite von Eichenblättern und segelt im Herbst mit ihnen zu Boden. Mitten im »Kugelhagel«: die Larven der **Eichengallwespe**, die in den Gallen zu fertigen Insekten heranreifen. Als solche müssen sich die millimeterkleinen Winzlinge nun durchbeißen: Zwei Tage etwa brauchen sie, um sich aus der Hülle zu nagen.

NATUR-TICKER:

+++ Familienplanung I: Die Rollzeit der Rotfüchse ist auf ihrem Höhepunkt. +++ Familienplanung II: Nach Balzgeplänkel im seichten Wasser paaren sich auch die Biber. +++ Schluss jetzt: Bei den Wildschweinen endet der Rausch in diesem Monat. +++ Ausufernd: Am Bodensee, im milden Klima, urlauben Zehntausende Wasservögel wie Enten, Schwäne, Brachvögel. +++ Zahlen, bitte: Der Deutsche Naturschutzbund ruft zum Langzeitprojekt »Stunde der Wintervögel« auf – und rechnet gern mit jedem Vogelfreund im Land. +++ Spurensuche: Natur-Forensiker finden im Schnee Fährten zahlreicher Tiere. Jede Art hat ein eigenes Auftreten: Füchse setzen die Läufe geradlinig ineinander-hintereinander, Dachse nageln die Krallen ihrer Pfoten in den Schnee, Hasen platzieren die Hinterläufe paarweise vor die kürzeren Vorderläufe … +++

NICHT GANZ DICHT

Wieso schwimmt Eis auf Wasser?

Normal ist das nicht. Normal wäre: Seen, Flüsse, Pfützen, Tümpel, Teiche frören winters von unten zu. Schließlich ziehen sich andere Stoffe bei Kälte zusammen, legen an Dichte zu. Fallen die Temperaturen unter den Gefrierpunkt, treiben Eisplatten und Brocken jedoch *auf* der Wasseroberfläche. Wie gesagt: Normal ist das nicht.

Darum sprechen Wissenschaftler auch von der Anomalie des Wassers. Denn in festem Zustand ist dieses ganz offensichtlich leichter als in flüssigem. Anders gesagt: Bei null Grad Celsius ist Wasser nicht ganz dicht. Das liegt an der Struktur der Wassermoleküle, die aus zwei Wasserstoff- und einem Sauerstoffatom bestehen und in etwa wie ein V aussehen.

Diese Vs schwirren bei Plusgraden umeinander herum, ziehen sich an und kommen sich immer wieder nahe. Tatsächlich rücken auch sie zusammen, wenn die Temperaturen sinken, weil sie bei Kälte träge und langsamer werden. Bei vier Grad Celsius erreicht Wasser schließlich seine größte Dichte.

Doch sobald es gefriert, kommt plötzlich Ordnung in die Molekülmischpoke: Die Teilchen bilden dreidimensionale Gitter. Fest vernetzt halten sie nun etwas größeren Abstand zueinander – die Dichte nimmt ab, das Eis bleibt oben. Für Fische und Wasserpflanzen ist das die Rettung: Auf einem zugefrorenen See isoliert die Eisschicht das Wasser darunter und schützt es vor Minusgraden.

Selbst um die Enten, die darauf ausharren, muss sich niemand sorgen. Dank einer Art Wärmetauschersystem in den Beinen bekommen sie keinen kalten Körper, aber kalte Füße und frieren darum nicht fest.

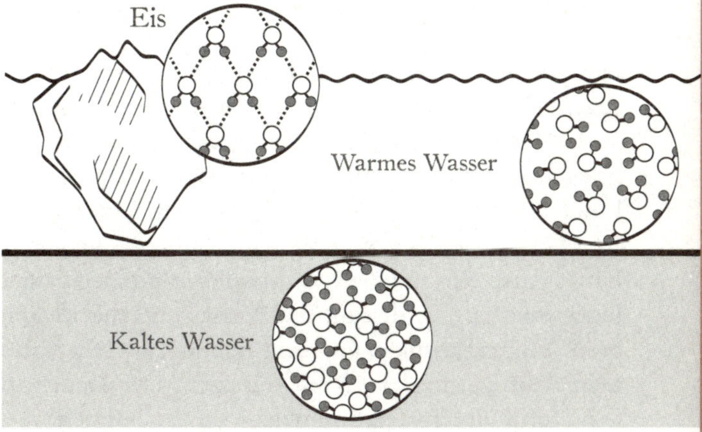

FEUER FREI!

Warum knistert Holz, wenn es brennt?

Es ist der Soundtrack der Freiheit: das Prasseln des Lagerfeuers, sein Zischen und Knacken. Wenn Flammen orangerot in den Himmel züngeln und Funken wie aufgeschreckte Glühwürmchen durch die Dunkelheit tanzen, wird auch romantisch Tiefbegabten ganz warm ums Herz. Kaum verwunderlich angesichts der feurigen Temperatur von rund 800 bis 1000 Grad Celsius. Da knistert's!

Denn Stämme und Äste sind von Hohlräumen durchzogen. Darin speichern Bäume Wasser und Nährstoffe. Und selbst wenn das hölzerne Hack schon länger gelegen hat und noch so trocken scheint: In seinem Inneren stecken stets ein paar Tröpfchen Wasser.

Fängt unsereins nun an zu zündeln und heizt dem Holzscheit ein, verdampft das Wasser und macht sich breit. Im gasförmigen Zustand nämlich ist sein Volumen deutlich größer als im flüssigen. Der Druck in den Hohlräumen steigt immens – sie explodieren.

Der Lautstärkepegel von brennenden Laubbäumen ist da noch recht gering: Die Hohlräume im Holz sind durchgängig, der Wasserdampf zischt an den Enden der Scheite heraus. Fichten und Kiefern dagegen lassen es krachen: Da knacken nicht nur die geschlossenen Wassergefäße, auch das Harz knistert beim Verfeuern.

DER RAUSCH DER TIEFE

Winterwandern durch die Klamm

Das Winterwunderland hat seine Ecken und Kanten, na klar. Hier muss man den Kopf einziehen, dort gebückt unter dem Felsen hindurch. So ist das in einer Klamm nun mal, einer Schlucht zwischen steilen, steinernen Wänden, in deren Tal dröhnend das Wasser tost und sprudelt. Es ist eng, feucht, kalt und berauschend, gerade jetzt im Winter.

Zuckrig glasiert scheint etwa das Gestein der Breitachklamm im Allgäu. Mächtige Eiszapfen stechen senkrecht von den Überhängen herab wie Stalaktiten in Tropfsteinhöhlen. Erstarrte Kaskaden bilden wilde Skulpturen – abstrakte Kunst der Natur. Dazu verkleiden teils meterbreite Eisvorhänge die tiefste Felsenschlucht Mitteleuropas. Und sobald ein paar Sonnenstrahlen in die Enge hineinblitzen, scheint die Klamm hochglanzpoliert: Die Eiskristallkammer glitzert und schimmert, mal weiß, mal blau, mal türkisfarben.

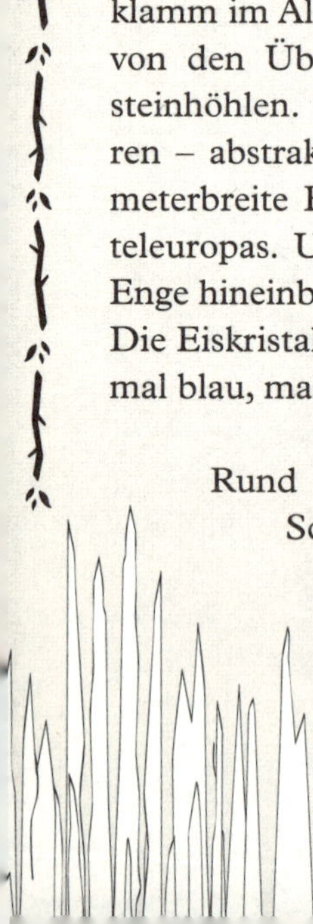

Rund 10 000 Jahre ist es erst her, dass sich die Schlucht zu formen begann. Damals, zum Ende der letzten Kaltzeit in den Alpen, hatten die Gletscher das weiche Gestein schon abtransportiert. Durch das harte fräste das Wasser nach dem Schmelzen der Gletscher mit all seiner Wucht eine

Schneise – ohne die Talwände abzutragen. So entstand im Laufe der Zeit die schmale Spalte, die stellenweise 150 Meter felsabwärts reicht.

Dass sich hier tief (und hoch!) blicken lässt, ist einem Pfarrer der Gegend zu verdanken, Johannes Schiebel. Vor mehr als 100 Jahren trieb er die Erschließung der Schlucht voran und ließ die Breitachklamm von seinen Mitstreitern mit Bohrern, Pickeln, Schaufeln, Schwarzpulver und Dynamit »eröffnen«. Seit 1905 genießen Einheimische und Touristen den Rausch der Tiefe in – ja, genau: Tiefenbach bei Oberstdorf.

Mittlerweile führt ein knapp 2,5 Kilometer langer, wunderbar wanderbarer Pfad zwischen den Felswänden hindurch. Im Sommer trieft und tropft es dort von den Wänden, im Winter erstarrt das Wasser zu bizarren Formationen. »Großer Zwing« wurde die Breitachklamm einst genannt. Vielleicht weil es einfach zwingend zu empfehlen ist, sie zu durchqueren, am besten mit Feuer und Flamme: Winters werden abendliche Fackelwanderungen angeboten, die das Dunkel zum Funkeln bringen und manch Schattenspiel an die Wände werfen.

Noch mehr »Holiday on Ice« gibt es übrigens in der 699 Meter langen Partnachklamm bei Garmisch-Partenkirchen, die 1912 zum Naturdenkmal erklärt wurde. Sie gehört gleichfalls zu den wenigen Schluchten, in denen Wanderer auch bei Schnee und Eis die bis zu 86 Meter hohen Wände bestaunen können. Dabei sind all jene im Vorteil, die sich vorab gut »profilieren«, also auf rutsch- und überhaupt festen Sohlen durch die Schlucht ziehen und sich in wetterfeste, warme Kleidung hüllen. Sonst wird es in der Klamm halt doch schnell klamm.

FEBRUAR

* Monatsstatistik *

NAME:

Der Name leitet sich vom lateinischen Wort *februare* ab, das »reinigen« bedeutet. Früher feierten die Römer in diesem Monat ein Reinigungsfest. Sauber!

TAGE:

28, in Schaltjahren 29. Das Kalenderjahr wird durch einen eingeschobenen Schalttag auf lange Sicht dem Sonnenjahr angeglichen, das die Jahreszeiten bestimmt. Denn dieses dauert 365 Tage und knappe sechs Stunden.

MITTLERES TEMPERATURMAXIMUM: 3,4 °C

MITTLERES TEMPERATURMINIMUM: -2,4 °C

REGEN-/SCHNEETAGE > 1MM: 9

SONNENSTUNDEN PRO TAG: 2,7

BESONDERHEIT:

Eine alte Bezeichnung für den Februar lautet Narrenmond. Denn einst versuchten die Menschen im Februar, die winterlichen Dämonen mit Vorfrühlingsfesten zu vertreiben. Übrigens: Der 2. Februar ist »Welttag der Feuchtgebiete«.

BAUERNREGELPOESIE:

»Je nasser der Februar,
desto nasser das ganze Jahr.«

TIER DES MONATS
FEBRUAR

DIE WILDKATZE

Verheult:

Felis silvestris

IN KÜRZE

ABMESSUNG: Ihre drei bis acht Kilogramm verteilt die Wildkatze auf mehr oder minder 80 Zentimeter Körper – und ein wenig auf den rund 30 Zentimeter langen, dicken, buschigen Schwanz mit den schwarzen Ringeln an der Spitze. Sie ist damit kräftiger als eine Hauskatze.

ZUHAUSE: urige Wälder für ausgedehnte Streifzüge in den Mittelgebirgen.

IM FEBRUAR: ziemlich verheult, oft fauchend; hinzu kommt mancher Kreischanfall, weil »Kuder«, die Männchen, die Katze ihres Vertrauens suchen.

Für die Katz ist es oft, wenn Ranger etwa im Harz, Hainich, Hunsrück, im Taunus, Pfälzerwald oder in der Eifel versuchen, die dort ansässigen Wildkatzen zu erspähen. Deren Leben bleibt meist im Dunkeln, denn diese Jäger sind äußerst scheu und vorwiegend dämmerungs- und nachtaktiv. Selbst wenn sie in der Nähe sind, setzen sie ihre runden Tatzen so vorsichtig auf den Waldboden, dass kaum ein Knacken, Knirschen oder Schlurfen zu hören ist. Auf diese Weise erschleichen sich Wildkatzen ihre Beute: Sie pirschen sich an, warten, lauern, spähen. Einen Katzensatz und einen Prankenhieb später haben Mäuse und Ratten schon verloren – und die Räuber ihr Nachtessen beisammen: proteinreiche Kost zur Leibesfülle.

Es braucht also das Glück eines Sechser-im-Lotto-Gewinners, um die seltenen Raubkatzen live zu erleben, etwa auf dem sieben Kilometer langen Wildkatzenpfad im südlichen Teil des Nationalparks Hainich. In den naturnahen Gehegen des »Wildkatzendorfs Hütscheroda« hingegen bekommt ein jeder Besucher die Säuger zu Gesicht, die früher so zahlreich durch unsere Wälder streiften.

Denn schon lange bevor die alten Römer Hauskatzen über die Alpen zu uns schleppten (und sich damit als Ahnen der Kätzchenfilmschwemme auf Youtube schuldig gemacht haben!), lebten hierzulande Wildkatzen. Mittlerweile jedoch zählen die Tiere bei uns zu den streng geschützten Arten; ihr Lebensraum ist an vielen Stellen zerschnitten.

Darum versucht vor allem der Bund für Umwelt- und Naturschutz seit einigen Jahren, die zersiedelten Waldgebiete mit grünen Korridoren zu verbinden, um mehr Katzenwanderwege zu schaffen. Gewünschter Effekt: fruchtbare Speed-Datings zwischen Katzen und Kudern. Gerade jetzt, zur Ranzzeit, streunen die Männchen nämlich wie die letzten Heuler durchs Unterholz, auf der Suche nach einer Gefährtin. Der Katzenjammer ist groß, ausdauernd kreischen die Herren, bis ihr Schrei nach Liebe endlich Gehör findet.

Das Line-up im
FEBRUAR

Was Christsoziale und **Christrosen** gemeinsam haben? Beide Arten sind hierzulande einzig in Bayern heimisch. Der Name »Schwarze Nieswurz« passt gleichfalls auf beide, aber nur Letztere werden auch so genannt. Mit ihren schneeweißen Blüten zieren sie nun die Waldränder in den Alpen.

Gezieltes Training der Brustmuskulatur, das ist das Winter-Workout der **Honigbienen**. In ihrer »Indoor-Gym«, dem Stock, bibbern sie im Team. Dank dieser positiven Vibes und ein wenig Honig als Energy-Drink bringen sie es in ihrem Heim gern mal auf über 30 Grad Celsius. Doch so langsam hat die Zitterpartie ein Ende. Bei Schietwetter – Außentemperaturen von über zehn Grad Celsius – erleichtern die Arbeiterinnen auf Reinigungsflügen ihre gut gefüllte Kotblase.

Elstern haben allerorten mit Vorurteilen zu kämpfen. Diebe sollen sie sein, Singvogelkiller, lärmig – und zu allem Unglück tragen sie denselben Namen wie die elektronische Steuererklärung. Dabei ist nicht nur die Intelligenz der Vögel beflügelnd. Auch in Sachen Emanzipation und Gleichberechtigung könnten sie uns ein Vorbild sein: Im Februar manifestieren die Paare ihre Beziehung architektonisch, indem sie gemeinsam kugelige Nester in die Baumkronen bauen.

Na gut, manchmal lassen Schneeglöckchen den Kopf hängen. Bei Minustemperaturen zum Beispiel. Auch den Stängel legen sie dann wie verwelkt beiseite. Doch ob Mensch, ob **Schneeglöckchen**: Es braucht bloß ein wenig Wärme, schon fällt das Aufstehen leichter.

Bei Regen, ab mindestens fünf Grad Celsius aufwärts, pilgern **Erdkröten** zu ihren Laichgewässern. Während der Nachtwandertage geben die Männchen den Weibchen wahrlich Rückendeckung: Sie erklimmen und umklammern die Damen und lassen sie bis zum Wasser nicht mehr los. Brunstschwielen – verhornte Anti-Rutsch-Profile auf den Fingern – sorgen bei den »horny« Hüpfern für den nötigen Halt.

An Böschungen, Dämmen, Steinbrüchen und Wegrändern strahlt sonnengelb der **Huflattich**. Hübsch! Viel praktischer aber sind seine handtellergroßen Blätter, die erst nach dem Verblühen der Blüten wachsen. Seit jeher werden diese in Hustensaft und -bonbons verwendet. Oder, dank ihrer haarigen Unterseite, als natürliches Klopapier mit effektiver Räumleistung.

Verschlissene Vogelfedern? Stehen dem männlichen **Bergfinken** prächtig! Nach der Mauser im Herbst ist sein Gefieder unauffällig bräunlich gefärbt. Nutzen sich die Federsäume über die Winterwochen ab, kann der Tourist aus dem Norden mit seinem Rücken entzücken: Das Kleid in Schwarz und Rostrot schimmert wie frisch poliert.

Den Job des deutschen Adlers könnte auf europäischer Ebene der **Rotmilan** übernehmen. Der Greifvogel bietet sich als Wappentier geradezu an, schließlich lebt er als waschechter Europäer fast ausschließlich auf unserem Kontinent. Nach dem Winter-Sabbatical in Spanien kehrt nun mehr als die Hälfte des gesamten Bestandes nach Deutschland zurück, um zu brüten.

Er sucht Sie: Rüde, unabhängig, bis zu 70 cm, max. 9 kg, ergraut, dennoch vital und nachtaktiv, sucht empfängnisbereite Sie zwecks Begattung. Mehrnächtige Romanze nicht ausgeschlossen, jedoch kein dauerhafter Beziehungswunsch! Großraum Laub-/ Mischwald. Treffen wir uns an der Eiche? Erkennungszeichen: schwarze Maske. Codewort: **Waschbär**.

Für alle Kätzchen-Freunde: An den Ästen der **Sal-Weide** prangen die Blütenstände, umhüllt von feinstem Flaum. Der Natur-Plüsch schützt die Blüten, die sich in wenigen Wochen zwischen den samtweichen Härchen hervorschieben. Bitte nur streicheln, nicht abzwacken: Weidenkätzchen dienen Bienen als erster Imbiss des Jahres.

NATUR-TICKER:

+++ Geht wieder los: Mitte des Monats startet der Vorfrühling. +++ Stoßstangenwechsel: (Ältere) Rothirschherren werfen ihr Geweih ab, ein neues wächst in den nächsten Monaten nach. +++ Läuft rund: Kolkraben legen Eier, die »schwarze Brut« schlüpft nach drei Wochen. +++ Einheizer: An warmen Tagen tanken die ersten Schmetterlinge Sonne, etwa Zitronenfalter, Großer Fuchs und Kleiner Fuchs. +++ Zweisam: Dachse beschäftigen sich mit der Fortpflanzungsfrage. +++ Früh dran: Vor dem Laubaustrieb blühen bereits Hasel und Schwarzerle. +++ Vorzeigbar: Winterlinge öffnen ihre gelben Blüten. +++ Verlockend: Eichhörnchenweibchen betören Eichhörnchenmännchen zur Paarung mit ihrem Duftsekret, dann starten Verfolgungsjagden. +++ Angeschwärzt: Der Efeu trägt Früchte. +++

DIE INNERE WERTE

Wo liegt Deutschlands Mittelpunkt?

Im Mittelpunkt stehen, das ist gar nicht so leicht. Denn wo liegt der genau – in den gut 357 000 Quadratkilometern Deutschlands? Die Äußerlichkeiten unseres Landes sind da einfacher zu bestimmen: List auf Sylt ist die nördlichste Gemeinde, Oberstdorf in Bayern die südlichste. Das sächsische Neißeaue gilt als östlichster Ort, Selfkant in Nordrhein-Westfalen als westlichster. Doch für die goldene Mitte gibt es gleich zig Ermittlungsverfahren mit unterschiedlichen Ergebnissen.

Variante eins: Man schnappt sich eine Landkarte und verbindet den nördlichsten und südlichsten sowie den östlichsten und westlichsten Punkt mit je einer Linie. Diese schneiden sich in Besse, Hessen. Variante zwei, vereinfacht erklärt: Man passt Deutschland in ein Rechteck ein und verbindet die gegenüberliegenden Ecken jeweils mit einem Strich. Im Kreuz: Niederdorla, Thüringen. Variante drei: Eine ausgeschnittene, maßstabsgetreue Karte wird auf einer Nadelspitze

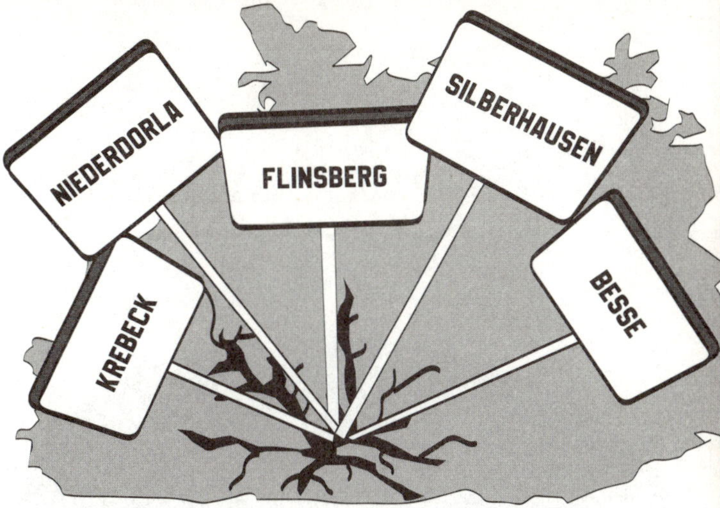

ausbalanciert. Letztere sticht im thüringischen Silberhausen zu. Für Variante vier wiederum zieht man die Oberfläche Deutschlands, also sämtliche Berge und Täler, im Rechner »glatt« wie ein faltiges Laken auf dem Bügelbrett und ermittelt im Anschluss die Mitte: Krebeck, Niedersachsen.

Dann gibt es da noch – unter anderem – eine mathematisch komplizierte Variante fünf, bei der es um die Entfernung von Orten zur Grenze geht. Mit ihr kommt man auf Flinsberg in Thüringen. Und so weiter und so weiter … Deutschland hat also viele Mittelpunkte und kein festes Zentrum. An den Nordseeinseln verschieben sich die Grenzen ja ohnehin täglich mit Ebbe und Flut.

LICHTBLICK

Warum funkeln Sterne?

Das Licht der Sterne ist auf Zack. Es zischt durchs All und legt dabei gewaltige Strecken zurück, weitgehend hindernisfrei. Dann trifft es auf die Erdatmosphäre, und schon brechen turbulente Zeiten an, die das Licht beunruhigen. Denn auf dem Weg durch die Gashülle, die unseren Planeten umgibt, wirken unterschiedlich warme Luftmassen als Unruhestifter. Sie lenken das Licht ab, es »verwackelt«. Die Sterne scheinen zu funkeln und zu flackern. Vor allem die Exemplare am Horizont »tanzen« über das Firmament, viel stärker als die Sterne über unseren Köpfen. Ihr Licht muss schließlich eine besonders lange atmosphärische Reise absolvieren, bis es zu uns gelangt.

Astronauten im All, etwa auf der Raumstation ISS, müssen auf Funkeleffekte verzichten: Sie sehen die Sterne als klare Lichtpunkte. Manche Weltraumteleskope sind aus genau diesem Grund dort oben unterwegs, um scharfe Bilder zu schießen.

Bleibt einzig die Frage, warum nicht auch der Mond flackert – sein Licht (genau genommen das von ihm reflektierte Sonnenlicht) muss schließlich gleichfalls durch die Atmosphäre. Aber: Während die Sterne in weiter Entfernung leuchten und wir sie deshalb bloß als winzige Punkte wahrnehmen, steht uns der Mond viel näher. Wir sehen ihn als Scheibe. Zwar lenken die Luftschichten auch ein paar seiner Lichtstrahlen ab, es erreichen aber genügend davon unsere Augen. »Dunkel war's, der Mond schien helle.«

Iglubau

EINE NACHT IM WEIßEN HAUS

Ein Zimmer ohne EBK, gut isoliert, gedämmt, winddicht, mit Kerzenwärme beheizbar und natürlichem Tageslicht-Bad im Gelände: Das Iglu ist in schneereichen Lagen eine Top-Immobilie, wenngleich der Fokus auf seiner Funktionalität liegt. Das wussten die Eskimos, die Erfinder der Schneebauten. Der Name »Iglu« geht auf einen Begriff ihrer Inuktitut-Sprache zurück, bedeutet übersetzt nichts anderes als Wohnung oder Haus – und gilt damit auch für die Torf- und Steinhütten, in denen die Eskimos eigentlich lebten. Denn obgleich es den verklärten Blick auf die Arktisbewohner trüben mag: Schneeiglus errichteten sie vornehmlich als schützende Unterschlupfe, wenn sie etwa auf der Jagd von Unwettern überrascht wurden.

Heutzutage schichten sie Schneequader ohnehin nur noch selten zu Rundhäusern auf: Seit den 1950er Jahren sind die Völker sesshaft und nutzen schnelle Schneemobile. Längere Jagdtouren müssen sie nicht mehr unternehmen. Und auch die meisten von uns kaufen hierzulande ihr Fleisch beim Metzger, statt es in schneestürmischen Zeiten selbst zu erlegen. In die missliche Lage, ein Iglu bauen zu müs-

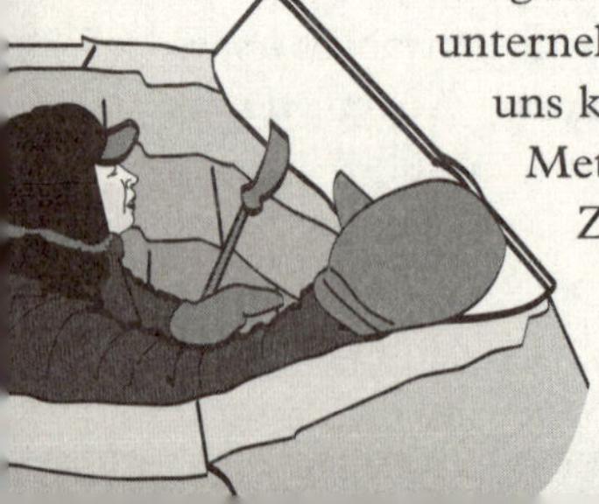

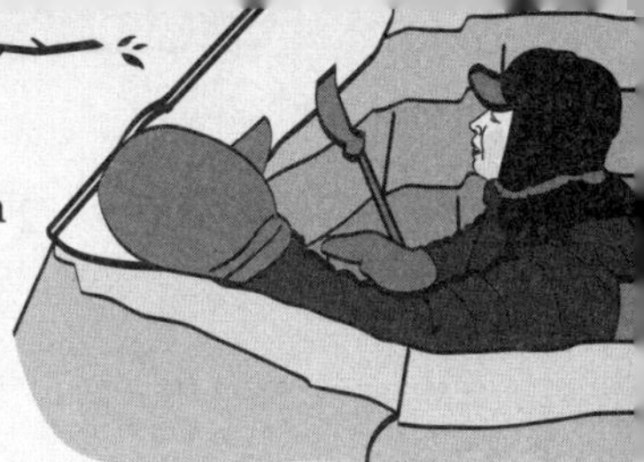

sen, kommen wir also nicht. In die glückliche Lage, eines bauen zu können, vielleicht schon: Es ist ein fantastisches Freilufterlebnis im Februar.

Gerade im Allgäu, von Pfronten bis Oberstdorf, und im Bayerischen Wald können sich Poliere im Verkuppeln üben und im selbsterrichteten, eisigen Eigenheim sogar die Nacht verbringen. Das Werkzeug für die Arbeit auf dem Bau stellen die Anbieter von Iglu-Workshops – viel mehr als Schaufel, Schneesäge und Richtschnur für den Radius braucht es sowieso nicht.

Zwei wichtige Tipps vor der Grundsteinlegung: erstens ein lawinensicheres Gelände suchen; zweitens einen Steinbruch nah am Bauplatz wählen. Die kompakten Blöcke, die es aus dem Schnee zu sägen gilt, sollten schließlich rund 60 Zentimeter lang, 40 Zentimeter breit und 15 bis 20 Zentimeter dick sein. Da kommen schon ein paar Kilogramm zusammen, die allein mit Muskelkraft bewegt werden müssen … Wer sich davor drücken will, betätigt sich am besten als Trampel und stapft das Areal platt, auf dem sich das Iglu wölben soll. Der Boden muss als Fundament fest sein, damit die unteren Quader später nicht einsinken.

Dann geht's auch schon rund, die Aufbauarbeit beginnt: Schneehäuslebauer mauern Blockreihe um Blockreihe im Kreis, und zwar so, dass sich die Quader in einer Spirale

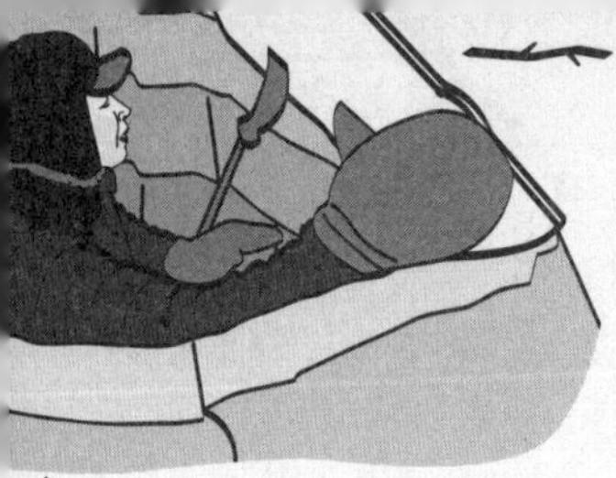

nach oben winden. Für die Standfestigkeit müssen die Blöcke mit ihren Ecken stabil auf den unteren Exemplaren stehen und sich seitwärts an den Nachbarziegel lehnen. Das gelingt nicht spaltenfrei, doch sämtliche Ritzen lassen sich später mit Schnee stopfen und verputzen. Sobald der letzte Block eingekeilt ist, braucht es noch den Eistunnel als Eingang. Dessen Oberkante muss tiefer liegen als die Schlafstätte, damit die Warmluft nicht aus dem Iglu entweicht.

Nun ist der Kuppelbau bezugsfertig. Empfohlene Inneneinrichtung: Isomatte und Winterschlafsack, eine Kerze als Heizkörper. Diese bringt es tatsächlich auf kuschelige drei bis vier Plusgrade unter dem Dach – für eine eiskristallklare Nacht im weißen Haus.

MÄRZ

* Monats statistik *

NAME:
Der Monat ist nach dem römischen Kriegsgott Mars benannt; auf Latein hieß er *Martius*.

TAGE:
31. März und November starten mit demselben Wochentag; in Nicht-Schaltjahren auch März und Februar.

MITTLERES TEMPERATURMAXIMUM: 7,2 °C

MITTLERES TEMPERATURMINIMUM: 0,1 °C

REGEN-/SCHNEETAGE > 1MM: 10

SONNENSTUNDEN PRO TAG: 3,8

BESONDERHEIT:
Am 1. März startet der Frühling meteorologisch, am 20. oder 21. März astronomisch: Dann geht die Sonne exakt im Osten auf, steht mittags senkrecht über dem Äquator und geht genau im Westen unter. Am letzten Sonntag des Monats wird die Uhr von Winter- auf Sommerzeit gestellt. Aktionstage: 3. – »Internationaler Tag des Artenschutzes«; 21. – »Internationaler Tag des Waldes«; 22. – »Weltwassertag«. Sowie – meist am letzten Samstag des Monats – »Earth Hour«: Licht aus für den Klimaschutz.

BAUERNREGELPOESIE:
»Ein feuchter März ist des Bauern Schmerz.«

TIER DES MONATS MÄRZ

Widerborstig:

DAS WILDSCHWEIN

Sus scrofa

IN KÜRZE

ABMESSUNG: unterschiedlich. In Europa bringen es Keiler bisweilen auf ein Gewicht von 200 Kilogramm. Traut man sich so nah ran, dass man ein Maßband anlegen kann, zeigt es eine Länge von bis zu 1,80 Meter.

ZUHAUSE: vor allem Laub- und Mischwälder mit Sumpfgebieten und Lichtungen. Ausflüge in angrenzende Mais- und Rapsfelder sind ein Festfressen für die ganze Familie …

IM MÄRZ: voll auf Rotte eingestellt – der Nachwuchs erblickt das Licht der Wälder.

Es ist ein guter Monat, um Schweinkram zu erzählen – Wildschweinkram. Denn längst ist der Rausch, die Paarungszeit, vorbei, und die Bachen werfen ihre Frischlinge ins gemachte Nest – einen mit Gras, Moos und Blättern liebevoll gepolsterten Wurfkessel. Dieser ist nach Möglichkeit zur Sonnenseite ausgerichtet, damit es der Sauhaufen unter der natürlichen Wärmelampe so kuschelig wie möglich hat.

Brachten Bachen früher vier, fünf Junge pro Wurf zur Welt, grunzen mittlerweile durchschnittlich sieben Frischlinge im Nest. Unter anderem, weil die Winter milder sind und die Wildschweine ihre Fettreserven nicht allein zum Überleben der kalten Jahreszeit benötigen. Ihre überschüssige Energie stecken sie nun in die Fortpflanzung …

Nach spätestens drei Wochen wagt die flotte Rotte erste Streifzüge durch den Wald. In die Quere kommen sollte man den Tieren dabei lieber nicht. Die bis zu 140 Kilogramm schweren Schweinedamen lassen die Sau raus, wenn's um das junge Borstenvieh geht. Im Galopp überspringen Bachen bis zu zwei Meter. Überhaupt sind die schwarzen Wilden gute Sportler, sozusagen Biathleten: exzellente Schwimmer und ausdauernde Läufer. Beim Auftritt in matschigem Gelände spreizen sich ihre Hufe und auch die nach hinten gerichteten Afterklauen. So verteilen sie ihr Gewicht auf eine größere Oberfläche und verhindern, tief zu sinken.

Da sie vielerorts gejagt werden, haben die von Natur aus tagaktiven Tiere ihren Rhythmus umgestellt und ziehen oft in der

Dämmerung los, um Wälder und Felder zu beackern – zum Ärger der Bauern. Doch im Wald leisten die Trampel viel Gutes: Beim Wühlen durchpflügen sie den Boden und lockern ihn auf. So kann der Grund besser mit Sauerstoff versorgt werden, auch Regen versickert leichter. Zudem knuspern sie gern mal Larven oder Puppen von Insekten, die Bäume befallen und auf diese Weise Schaden anrichten könnten. Und das ist doch eine schöne Schweinerei.

Das Line-up im MÄRZ

Warum »Hase« ein Kosewort ist, weiß der Henker. Paarungswütige **Feldhasen** sind jedenfalls wenig verschmust: Männchen boxen sich um Weibchen. Männchen hetzen Weibchen mit Tempo 80 über die Felder. Weibchen schlagen Haken – und Männchen die Hasennasen blutig. Die Paarungszeit dauert von Januar bis September, im März aber lassen sich die Kuschel-Kämpfe besonders häufig beobachten.

Eiskalt erwischt, eiskalt erfrischt: Bisweilen sorgt der **Märzwinter** für ein heftiges »cool down«. Das Wetterphänomen tritt oft nach milden Wintern auf und bringt mit einem Strom (polarer) Kaltluft so manchen Frühblüher beim Frühblühen aus dem Konzept.

Achtung, Aggro-**Amseln**! Anfang März stecken die stolzen Hähne ihr Revier ab. Akustisch-harmlos mit stimmgewaltigem Tirili, Tirilo, Tirila morgens und abends. Angriffslustig-aggressiv beim Bodenkampf mit Schnabelhackattacken.

Es zählt, was hinten rauskommt! Und das ist beim **Regenwurm** ein klasse Dünger. Zu Frühjahrsbeginn erwacht der Bodenständige aus der Kältestarre – und gräbt und frisst und kompostiert sich nun fast pausenlos durch den Untergrund.

Jetzt, so kurz nach der Winterstarre, sind die Weibchen der **Europäischen Sumpfschildkröte** ziemlich kopflos unterwegs. Was daran liegt, dass die Machos ihre Partnerinnen im Wasser umklammern und mit Kopfschwingern und Bissen dazu bringen, ihr Haupt einzuziehen. Dann nämlich ragt rückseitig die Kloake der Krötinnen weiter hervor als gewöhnlich … Schon klar, was die Herren im Schilde führen.

Voll im Rausch! In diesem Monat empfehlen wir den Stammplatz: Ein Ohr fest an eine Birke oder Buche pressen. Denn zu Frühlingsbeginn schießt der **Saftstrom** von den Wurzeln durch die Leitungsbahnen der Stämme in die Kronen. Das gluckert und gluckst. Im Zweifel ein Stethoskop als Hörhilfe nutzen.

Blau zur Paarungszeit? Beim Menschen: Trennungsgrund. Beim **Moorfrosch**: Erfolgsmodell. Tatsächlich verfärbt sich der sonst braune, maskuline Lurch zur Paarungszeit himmelbläulich-violett. Wie effektiv der Moor- und Nasswiesenbewohner als Blaumann unterwegs ist, lässt sich dieser Tage etwa im Nationalpark Müritz beobachten.

Ein Fell für alle Fälle trägt das **Hermelin**. Die Pelzmode im Winter hält der Marder tarnungstauglich strahlend weiß. Im März wechselt er zu einem fröhlichen Frühlingsbraun, wenigstens auf seiner Oberseite. Einzig die Schwanzspitze bleibt sommers wie winters schwarz.

Würze in Kürze: In lichten Laubwäldern und auf schattigen Wiesen knospt der **Bärlauch**. Seine kräftig duftenden Blätter munden in herzhaften Gerichten. Diese am besten vor der Blüte ernten – und ja nicht mit denen der giftigen Maiglöckchen verwechseln!

Nah am Wasser gebaut haben **Graureiher**, nämlich Reisignester in Baumwipfeln rund um Seen, Flüsse und an den Küsten. Dort geht nun so manche Wasserleiche auf ihr Konto: Mit dem spitzen Schnabel erdolchen die Schreitvögel vor allem Fische.

Die **Waldmaus** macht eine gute Figur, gehupft wie gesprungen. Bei Gefahr katapultiert sie sich bis zu 80 Zentimeter durch die Luft. Ihr Vorteil beim Kurzstreckenflug: Sie wiegt kaum mehr als zwei, drei Walnüsse. Mit Beginn des Frühlings hüpft sie rollig durchs Gebüsch, gierig nach »Knick Knack« im Unterholz.

Ein paar Sonnenstrahlen nur, dann beginnt das Krokuserwachen auf den Wiesen rund um Zavelstein im Nordschwarzwald. In diesen Frühlingswochen sorgen **Wildkrokusse** in Massen für jede Menge Lilalaune – und das übrigens auch auf den rund 50 000 Quadratmetern des Husumer Schlossparks in Nordfriesland.

Auf die Walz folgt die Balz: Zunächst fliegen **Eisvögel** zur Partnerortung mit viel »Tiet-tiet« die Gewässer entlang. Gerät ein potentieller Liebhaber ins Blickfeld, starten die Tiere wilde Verfolgungsjagden. Das Eis bricht dann im Anschluss, wenn der Vogelmann der Vogelfrau mit artigen Dienern kleine Fische überreicht.

Noch ist nicht gut Kirschen essen, die Früchte hängen erst sommers im Baum. Immerhin aber tupft die **Kornelkirsche** ein wenig Gelb in die Landschaft: Der Strauch startet die Selbstentfaltung und öffnet seine Blüten.

Luchse sehen? Schwierig. Erstens gibt es (noch) nicht (wieder) so viele in Deutschland. Zweitens sind die Raubkatzen nachtaktiv. Drittens handelt es sich um Einzelgänger. Immerhin: Im Harz oder im Bayerischen Wald lassen sich die Tiere zur Ranzzeit hören: Mit einem langgezogenen »Ouh« begeben sie sich – oha – auf Partnersuche. Wem das nicht genügt, der besucht das Luchsgehege an den Rabenklippen bei Bad Harzburg. Oder das im »Wildpark Schwarze Berge« in Hamburgs hügeligem Süden.

Rote Rosen tragen **Fasanenhähne** immer am Mann. Genauer: im Gesicht. Als Rosen nämlich bezeichnet man die knallroten Partien rund um ihre Augen, die zu Lappen anschwellen, sobald der Hahn in Balzstimmung gerät. Jetzt im März gockelt er auch schon mit gesträubtem Rückengefieder und zitternden Schwanzfedern liebestoll um die Hennen herum.

Wandeln unter Mandeln: Auf dem 77 Kilometer langen Pfälzer Mandelpfad zwischen Bad Dürkheim und Schweigen-Rechtenbach starten die rosaroten Wochen: Die **Mandelbäume** blühen. Die Naturkitschkulisse queren Wanderer am besten be-geistert – mit Wein aus der Region.

Wenn Teichmolchmänner mit dem Schwanz wedeln, dann nicht ohne Hintergedanken. Damit fächeln sie ihren Unterwasserbekanntschaften betörende Duftstoffe zu. Zwischendurch gibt's zu Werbezwecken die volle Breitseite (zu bewundern): Der Rückenkamm wird in Szene gesetzt. Zumindest, wenn gegen Ende des Monats die Wassertemperaturen auf rund acht Grad Celsius steigen und sich die **Teichmolche** auf Partnersuche begeben.

NATUR-TICKER:

+++ Ende der Vegetationsruhe: Veilchen, Primeln, Buschwindröschen, Märzenbecher, Schlüsselblumen blühen. +++ Comeback I: Kiebitze kehren heim, zum Brüten auf den Marschwiesen. +++ Comeback II: Gegen Ende des Monats zilpzalpt der Zilpzalp frühlingsfröhlich-monoton vor allem in den (Auen-)Wäldern. +++ Comeback III: Rauchschwalben segeln jetzt wieder rund um Bauernhöfe. +++ Comeback IV: Der seltene Wiedehopf kehrt Ende des Monats aus seinem Winterquartier südlich der Sahara zurück und nistet sich auf Brutplätzen ein, etwa am Kaiserstuhl bei Freiburg. +++ Vorsicht, bissig: Iltisse paaren sich, Männchen beißen Weibchen dabei in den Nacken. +++ Schwanensee: Auch die Brutzeit der Höckerschwäne beginnt. +++ Und dann noch »auf Seen erregend«: Haubentaucher balzen auf dem Wasser +++

KLATSCH UND TRATSCH

Wie kommunizieren Bäume?

Sie müssen reden. Klar müssen sie das. So schön ein fester Platz im Leben sein mag, Bäume haben gegenüber Tieren einen entscheidenden Nachteil: Sie können nicht weglaufen. Sie stehen, wo sie stehen, sind Wind, Wetter, Schädlingen und Fressfeinden ausgesetzt. Über Jahrmillionen hinweg haben sie darum ein komplexes Kommunikationssystem entwickelt. Die Gesprächsführung? Unterirdisch.

Den Boden nämlich durchzieht ein wirres Geflecht weißer Pilzfäden. Über ihre Wurzeln sind die Pflanzen daran »angeschlossen«. Dieses Netz, die Mykorrhiza, bildet das Internet des Erdreichs, eine Art Informations-Highway für den floralen Schnack. Forscher sprechen gar vom »Wood Wide Web«.

Es handelt sich um ein Austauschprogramm, eine »Transaktionsebene«: Von den Bäumen bekommen die Pilze photosynthetisch hergestellten Zucker, ihrerseits bringen sie Nährstoffe wie Mineralien in die Partner-

schaft ein und stellen das großflächendeckende Netzwerk zur Verfügung.

Worüber Bäume in Deutschland via Funghi-Funk so plaudern? Übers Wetter und drohende Trockenheit zum Beispiel. Manch warnende Botschaft verschicken Laub- und Nadelbäume aber auch per Luftpost. Ist etwa der Ahorn-Nachwuchs angefressen, lagert er Gerbstoffe in seine Blätter ein, um schädliche Insekten zu vertreiben. Über Duftbotschaften alarmiert er die Umstehenden, die es ihm bald gleichtun. Das ist vorbildliche Nachbarschaftshilfe.

KURVENDISKUSSION

Warum fließen Flüsse in Schleifen?

Es fließt eine Menge Wasser den Rhein hinunter, auch die Elbe, die Donau, den Main. Und all die anderen Bäche, Flüsse und Ströme, die sich durch die Landschaft schwingen und auf dem Weg zum Meer ihre Rundungen präsentieren.

Ja, sie haben Kurven, die Fließgewässer – wenigstens solange der Mensch keinen Einfluss nimmt. In weiten Bogen und Schleifen schlingert das Wasser durchs Land, es mäandriert, sagen Experten. Denn Wasser – da ist es uns nicht unähnlich – sucht stets den Weg des geringsten Widerstandes. Lässt gerade im Flachland die Strömung nach, lagert sich Kies oder Sand ab.

Diese Hindernisse, aber auch Hürden wie umgestürzte Bäume zwingen Wasser zu einem Ausweichmanöver. Es plätschert vorbei und schwenkt zur Seite, geradewegs Richtung Ufer. Dort »prallt« es ab und schwingt diagonal zur gegenüberliegenden Seite. Beim Pendeln trägt das Wasser Sand und Co. vom Ufer ab und lagert es – ein Stück stromabwärts – wieder an. So bilden sich Windungen im Lauf, der Fluss fließt nicht geradlinig dahin, sondern hat stets den Bogen raus.

Ach, noch etwas: Schon mal bemerkt, dass gerade in Süddeutschland viele Flussnamen auf -ach enden? Wertach, Salzach, Kronach etwa. Der Wortfetzen stammt aus dem Althochdeutschen und bedeutet nichts anderes als Fließgewässer.

Kranichzug

GROẞE PAUSE

Diese Fanfaren! Tief, laut, dunkel tönt der himmlische Trompetenchor. Die Kraniche kommen, und ihre Ouvertüre, die singen sie sich einfach selbst. Ihr wissenschaftlicher Name *Grus grus* soll sich gar davon ableiten.

Auf ihrer teils 6000 Kilometer langen Flugroute vom Winterquartier in Südeuropa zu den Brutgebieten in Schweden, Norwegen, Finnland, in Polen und den baltischen Staaten durchqueren Tausende Tiere Deutschland auf einer schmalen »Luftlinie« und stoppen schließlich in der Rügen-Bock-Region an der vorpommerschen Ostseeküste – bis in den April hinein.

Sie machen große Pause, eine Rast ohne Hast: Manche Fernflieger bleiben ein paar Tage, andere sogar Wochen. Schließlich sind die flachen Boddengewässer und deren Uferregionen ein perfekter Sammelplatz für die Zwischenlandung, ein »Park & Flight« mit rotfuchssicheren Schlafstätten in knietiefen Seen und einem reichhaltigen Körner-Kleintier-Buffet auf den Stoppelfeldern der Umgebung. Nach dem kräftezehrenden Flug – Graue Kraniche absolvieren oft Strecken von vielen hundert Kilometern täglich – betreiben die Vögel nun Materialpflege und putzen und fetten ihre aufgespannt gut

zwei Meter weiten »Tragflächen« für die Weiterreise.

Ein Teil der Weibchen und Männchen bleibt sogar in Deutschland und schwingt schon bald das Tanzbein, um einen Partner zu finden oder die bereits existierende Ehe zu festigen. Dazu springen die Kraniche auf ihren dünnen Beinen in die Höhe, schlagen mit den Flügeln, verbeugen sich, laufen im Zickzack umher und werfen vor Begeisterung Stöckchen, Steinchen, Gras und Pflanzenstängel in die Luft. Das ist kein Provinztheater, sondern Feldballett vom Feinsten.

Überhaupt legen die »Vögel des Glücks«, als die sie in der Mythologie gelten, Wert auf eine ausgefeilte Choreografie, schon beim stilsicheren An- und Abflug in V-Formation. Dabei lassen sich die rund 1,30 Meter hohen Schreihälse rund um die Halbinsel Fischland-Darß-Zingst gut beobachten – und auch nach der Landung, wenn sie nach Futter stochern. Perfekter Ausgangspunkt für Touren ist das Kranich-Informationszentrum in Groß Mohrdorf bei Stralsund. Aber auch im unteren Odertal, der Mecklenburgischen Seenplatte, am Havelländischen Luch und am Rhinluch bieten die Vögel eine großartige (Flug-) Show.

Für alle Kranich-Spotter gilt: Ein Fernglas muss mit. Denn ein Abstand von 300, 400 Metern ist zwingend notwendig. Kommen Menschen den Vögeln zu nahe, regen sie sich tierisch auf, und ihre unbefiederte, signalrote Kopfplatte schwillt gehörig an. Darum lohnt es an manchen Plätzen sogar, die Kraniche aus dem Auto heraus zu bestaunen; das stört sie weniger. Ab und an staksen sie dann sogar auf einen Abstand von 100 Metern und weniger heran.

Das Beste am ewigen Hin und Her der Kraniche: Wer den Zug im Frühjahr verpasst, nimmt den nächsten im Herbst. Denn auf ihrem Rückflug gen Süden rasten die Tiere einmal mehr in Deutschland – und die graue Eminenz bittet zur Audienz.

APRIL

* Monats statistik *

NAME:

Könnte sein, dass der Name auf das lateinische Verb *aperire* zurückgeht, das »öffnen« bedeutet – möglicherweise eine Anspielung auf die Knospen, deren »Öffnungszeiten« in den Frühling fallen. Oder dass sich der Name vom lateinischen *apricus* ableitet – »sonnig«. Manch einer bringt auch die Göttin Aphrodite ins Spiel.

TAGE:

30. Der Monat startet mit demselben Wochentag wie der Juli.

MITTLERES TEMPERATURMAXIMUM: 11,6 °C

MITTLERES TEMPERATURMINIMUM: 2,9 °C

REGEN-/SCHNEETAGE > 1MM: 10

SONNENSTUNDEN PRO TAG: 5,3

BESONDERHEIT:

Der April ist witterungsflexibel. Das liegt an Temperaturgefällen zwischen Nord- und Südeuropa sowie zwischen Land und Meer. Dadurch entstehen Gebiete unterschiedlichen Luftdrucks. Da die Atmosphäre um Druckausgleich bemüht ist, wechseln Wind und Wetter häufig. Wichtig: Der 22. ist »Tag der Erde«, der 25. »Tag des Baumes«.

BAUERNREGELPOESIE:

»April, April, der macht, was er will.«

TIER DES MONATS
APRIL

DAS ALPEN-MURMEL-TIER

Häuslich:

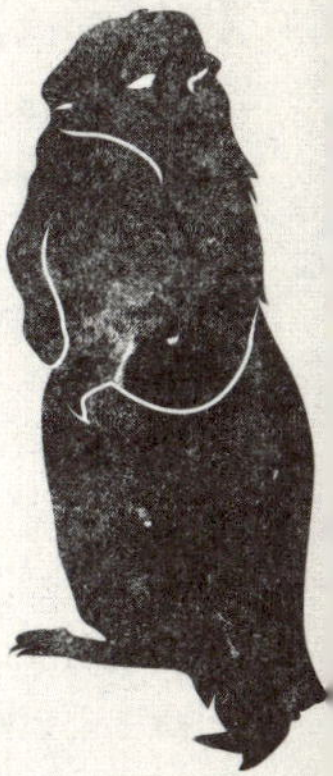

Marmota marmota

IN KÜRZE

ABMESSUNG: inklusive des Schwanzes gern 50 bis 70 Zentimeter lang. Im Jahresverlauf unterliegen die Almbewohner dem Jojo-Effekt. Sind sie derzeit rank und schlank, polstern sie sich im Herbst mit bis zu fünf Kilogramm geradezu adipös auf.

ZUHAUSE: Bergwiesen und Geröllfelder oberhalb der Baumgrenze, bei uns vor allem im westlichen Allgäu und im Berchtesgadener Land. Südliche Hanglange bevorzugt.

IM APRIL: mit der Auferstehung befasst. Das Frühlingserwachen beginnt mit dem Warm-up, dem Muskelzittern.

Im Bau haben sie lange genug gesessen. Jetzt wagen sich die Alpenmurmeltiere wieder in die Freiheit, etwa auf der Zipfelsalpe oberhalb von Hinterstein im Allgäu. Dank ihrer Winter-Diät »Schlank im Schlaf« beklagen sie einen Gewichtsverlust von etwa einem Drittel. Darum beginnt nun das große Fressen. Anderthalb Kilogramm Gräser, Kräuter, Blüten und Samen schieben sie sich täglich zwischen die beige-braun verfärbten Nagezähne.

Allerdings: Sobald der erste Appetit gestillt ist, pausieren die Murmeltiere auch schon wieder, wie immer in großer Gesellschaft. Selbst in der warmen Jahreszeit verbringen die Müßiggänger bis zu 20 Stunden »inhouse«, in ihrer weitverzweigten Sommerresidenz.

Dieser Hang zur Häuslichkeit ist nicht zuletzt ihrem ausgeprägten Sicherheitsbedürfnis geschuldet: In den bis zu 100 Meter langen Tunnelwohnungen müssen sie nun mal weder Steinadler noch Füchse fürchten. Deren zupackender Art fallen jährlich zig Mitglieder der Murmel-Sippe zum Opfer. Darum wagen sich die Nager nur ungern weiter als 15 Meter vom Eingang ihres Baus fort. Tiefenentspannt sind Murmeltiere tatsächlich bloß im Erdreich.

Oberirdisch gilt: Knopfauge, sei wachsam! Immerhin gönnen sie sich – je wärmer es wird – ein wenig Schönwetter-Wellness am Berg. Als Relaxzone dient kühlendes Gestein, auf dem sich die Tiere bäuchlings breitmachen. So vermeiden sie zu überhitzen – schwitzen können sie nämlich nicht. Die Sonne wiederum nutzen sie als natürlichen »Parasitenkamm«: Die UV-Strahlen sollen Blutsauger aus ihrem Plüsch vertreiben.

Entdecken sie währenddessen Wanderer im Alpenpanorama (was ihnen dank des Scanner-Blicks selbst auf eine Entfernung von 300, 400 Metern gelingt), stellen sie sich fix auf die Hinterbeine – und pfeifen drauf. Mit diesem Geschrei, im Kehlkopf erzeugt, schlagen sie Alarm oder rufen zum Rückzug.

Das Line-up im APRIL

Percussion schätzen **Buntspechte** mehr als melodiösen Singsang. Längst haben sie sich mit Hilfe der »Klanghölzer« des Waldes paarweise zusammengetrommelt und das Eigenheim in einen Stamm gemeißelt. Der Nachwuchs kann kommen – im April beginnt die Brutsaison.

Diese falsche Schlange! Die **Blindschleiche** ist a) nicht blind; ihr Name verweist vermutlich auf den »blendenden«, also glänzenden Körper. Vor allem aber handelt es sich b) gar nicht um eine Schlange, sondern um eine Echse ohne Beine, die dieser Tage aus ihrem unterirdischen Winterquartier schleicht.

Fähen sind fähige Mütter. Gerade gebären sie den Nachwuchs, meist vier, fünf Junge. Im Bau der **Rotfüchse**, bestehend aus mehreren Röhren, sorgen sie in den ersten Wochen für Aufzucht und Ordnung. Die gar nicht so rüden Rüden schleppen derweil Futter heran – Feldmäuse, Kaninchen und Regenwürmer.

Ganz reizend, die **Brennnessel**. Tatsächlich zeigt sich das Gewächs dank seiner Brennhaare beim Ernten etwas widerborstig. Doch wer die Triebe im Zaum hält – am besten mit einem Handschuh –, kann daraus schmackhaften Brennnesselspinat oder Tee bereiten.

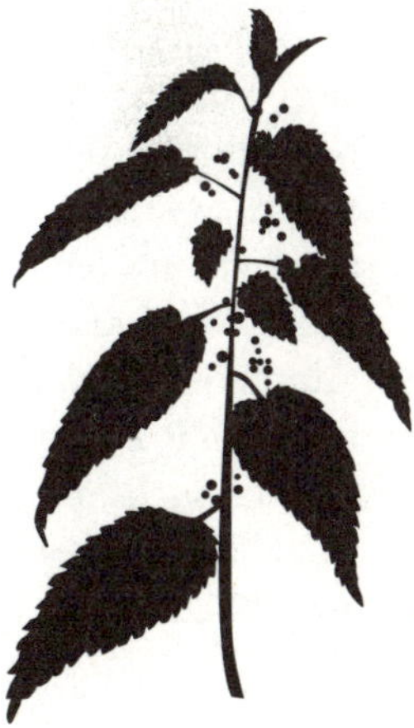

Geheule in der Höhle? Nichts da. Die Ende des Monats geworfenen Welpen der **Wölfe** sind zunächst blind und taub. Erst nach rund zwei Wochen öffnen sie die Augen und beginnen zaghaft zu knurren. 35 Wolfsfamilien streifen derzeit durch Deutschland, vor allem durch Sachsen und Brandenburg. Rudel gibt es aber auch in Sachsen-Anhalt, Mecklenburg-Vorpommern und Niedersachsen.

Bitte entblättern: Auf Lichtungen und Wiesen in Laub- und Nadelwäldern wächst der **Sauerampfer**. Das Küchenkraut hat pfeilförmige, lange Blätter, die roh im Salat oder gekocht in Suppen und Soßen schmecken.

Mahlzeit! Wenn die **Haselmaus** Ende April so langsam aus dem Winterschlaf erwacht, macht sie große Augen. Muss sie auch, schließlich hangelt sie sich nur in der Dämmerung durchs Gebüsch. Ihre Glubscher fangen dabei auch noch den kleinsten Lichtfleck ein und erspähen endlich wieder frisches Futter wie Knospen, Samen, Beeren, Nüsse und Insekten.

Laich ablegen? Leichter gesagt als getan. Vielerorts suchen die seltenen **Gelbbauchunken** nun nach Pfützen-Pools, in denen ihre Kaulquappen schlüpfen können. Der Vorteil der Naturbecken: Das Flachwasser darin heizt sich schnell auf, in Nullkommanix besiedeln Bakterien, dann Krebs- und Schneckenminiaturen das Feuchtgebiet – ideale Unkennachwuchsnahrung.

Welch ein Narzissmus im Nationalpark Eifel! In den Bachtälern bei Monschau und Hellenthal öffnen Millionen **Gelbe Wildnarzissen** ihre sechs Blütenblätter und geben den Blick frei auf das Glockenspiel im Inneren. Eine Radtour oder Wanderung lohnt vor allem in diesem und im nächsten Monat.

Die **Gemeine Wespenkönigin** quält ein Volksbegehren. Schließlich hat sie kein Volk, noch nicht, begehrt aber eines. Die gesamte Staatsgründung lastet allein auf ihren Flügeln. Ab Mitte des Monats schwirrt sie aus, auf Nest- und Nahrungssuche.

Herzlich willkommen im Hotel »Zur alten **Eiche**« – die Herberge mit rustikalem Flair! Wir bieten ein komfortables Zuhause für mehr als 1000 Insektenarten, außerdem für Vögel, Säugetiere, Pilze, Moose und Flechten. Dank jahrtausendelanger Erfahrung im Natur-Hotel-Gewerbe wissen wir, was unsere Gäste schätzen – und blühen dieser Tage so richtig auf.

Im April beginnt die Kolonisation an Häuserwänden und Küstenklippen. Die **Mehlschwalben** kehren zurück und »töpfern« ihre halbkugeligen Lehmnester, gern in Gesellschaft. Schon nächsten Monat startet die Brutsaison.

… 80 Prozent geladen … 90 Prozent geladen … 100 Prozent geladen – Abflug! Kurz vorm Start faltet der **Kohlweißling** seine Flügel wie ein V und lenkt so das Tageslicht auf seinen Körper. Das macht seine Muskeln warm und geschmeidig, sogar an bewölkten Tagen. Momentan ist dieser beschleunigte Aufladeprozess besonders hilfreich, muss der Falter doch seine Eier an Blättern anbringen.

Auf der Wiese kommen sie harmlos daher. Dabei sorgen **Gänseblümchen** für verschärfte Verhältnisse – als Zutat im Salat, in einer Suppe oder mit Quark verrührt als Brotaufstrich. Unbedingt testen, jetzt beginnt die Hauptblütezeit der Tausendschönen.

NATUR-TICKER:

+++ Haarausfall: Rehe, Wildschweine und Co. wechseln vom Winter- zum Sommerfell. +++ La Ola! Die Apfelblüte schwappt über Europa, auch Birn- und Kirschbäume blühen. +++ Im Aufwind: Immer mehr Schmetterlinge tanzen durch die Lüfte. +++ Guten Appetit! Nach der zehrenden Winterruhe suchen manch nachaktive Tiere, Igel etwa, auch am Tage nach Futter. +++ Wieder da: Der seltene Schreiadler kehrt zum Brüten aus Afrika zurück, nach Mecklenburg-Vorpommern und Brandenburg. +++ Nicht vergessen: Vergissmeinnicht zeigen ihre himmlisch blauen Blüten. +++ Aufgeworfen: Marder werden in diesem Monat Eltern. +++ Heißer Stein: Eidechsen suchen sich einen Platz an der Sonne. +++ Renovierungsarbeiten: Weißstörche bessern nach ihrer Rückkehr den »Eigenhorst« aus, pünktlich zur Brut. +++

NIEDERGESCHLAGEN

Wie schnell fallen Regentropfen?

Die Fallstudie im April zeigt: Ein himmelsüblicher Regentropfen hat einen Durchmesser von rund zwei Millimetern. Saust er zu Boden, dellt ihn die Luft an der Unterseite ein, seine Oberseite wölbt sich, er gleicht einem Burger im Miniaturformat. In einer Sekunde legt er etwa sechs Meter zurück.

Sprüh- oder Nieselregentropfen hingegen wirbeln kugelrund durch die Luft. Ihr Durchmesser beträgt kaum einen halben Millimeter. Die Leichtgewichte sind stabil, sie tanzen geradezu gen Erde, schaffen in einer Sekunde aber auch nicht mehr als drei Meter – wenn überhaupt.

Ganz anders jene Tropfen, die sich in dunklen Gewitterwolken sammeln: Darin rammen sie einander und verschmelzen. Zudem bringen Luftströme Schwung in die Wolke, die Tropfen verformen und dehnen sich. Manch ein Exemplar wächst dann rasant. Der Durchmesser: bis zu acht Millimetern. Bei einem Wolkenbruch fallen solche Turbotropfen mit einer Geschwin-

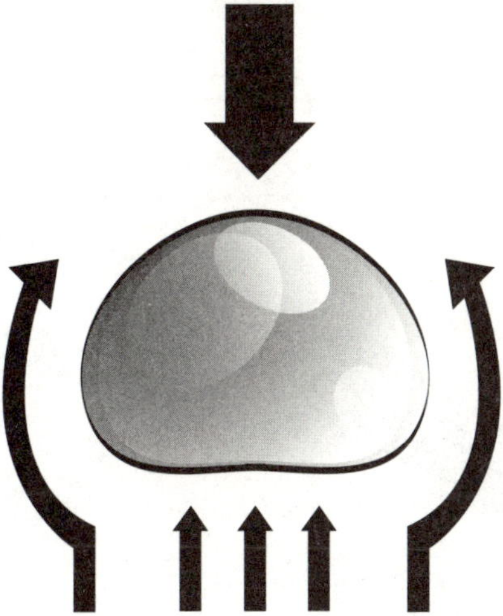

digkeit von bis zu zehn Metern pro Sekunde vom Himmel – wahrlich niederschmetternd. Mit bloßen Augen lassen sich einzelne Exemplare dann nicht mehr unterscheiden: Die Landschaft scheint schraffiert, »es regnet Bindfäden«.

Übrigens: Eine Stechmücke überlebt den Zusammenprall mit einem Regentropfen, selbst wenn dieser 50-mal schwerer ist als sie selbst. Sie bringt dem »Wasserfall« kaum Widerstand entgegen; der Tropfen reißt sie lediglich nach unten.

ANPFIFF

Warum singen Vögel?

Twitter vor Sonnenaufgang, das ist nur was für »early birds«. Doch wer mit offenem Fenster schläft, kommt um die Matinee der Singvögel einfach nicht herum.

Schon rund anderthalb Stunden, bevor die Sonne aufsteigt, eröffnet der Gartenrotschwanz sein Freiluftkonzert und flötet in den Morgen hinein. Etwa 30 Minuten später stimmt das Rotkehlchen ein, die Amsel folgt sogleich. Dann trällern nach und nach Zaunkönig und Kohlmeise ihre Melodien für Millionen. Zilpzalp, Spatz und Buchfink schmettern hinterher. Bis – nach Sonnenaufgang – auch die Spätaufsteher unter den Minnesängern tönen, die Stare zum Beispiel.

Jede Art hat ihren Auftritt, um Gehör zu finden, wenngleich mancher Vogel in den Gig seines Vorsängers hineinträllert. Ein Remix. Der Singsang ist dabei vornehmlich Männersache: Die »Ton-Angeber« prahlen mit Stimmgewalt, Lautstärke, Dauer und Häufigkeit des Gezwitschers, um Artgenossen zu vertreiben. Einerseits. Andererseits bieten und biedern sie sich damit den Vogeldamen an. Manch perlendes Liebeslied heißt nichts anderes als »Ich will ein Küken von dir!«

Das tirilieren die Herren bisweilen auch im Dialekt: Tatsächlich pfeifen Vögel in Bayern und Norddeutschland unterschiedlich. Bei Arten wie dem Buchfink oder der Goldammer sind die regionaltypischen Unterschiede sogar mit bloßem Ohr hörbar.

Das Grüne Band

BARRIEREFREIHEIT

Außer Rand und außer Band sieht man hier: Schwarzstörche, Orchideen. Fischotter, Libellen, Braunkehlchen. Sicher hat auch schon der ein oder andere Zaunkönig auf dem Grünen Band pausiert, jenem Korridor, der sich wie ein saftiger Fluss von Travemünde an der Ostsee bis zum Dreiländereck nahe Hof in Bayern schlängelt.

Einst teilten hier Stacheldraht, Wachtürme und Absperrgitter Deutschland in zwei Hälften. Kaum ein Mensch durfte sich dieser Zone nähern. Die Grenze, sie entwickelte sich zu einem Paradoxon in der Wildnis: Auf dem Todesstreifen begann das Leben zu blühen.

Tatsächlich ist der Grüngürtel nach wie vor ein Refugium seltener Pflanzen und Tiere. Auf den 1393 Kilometern tummeln sich rund 1200 bedrohte Arten. Auch der Mensch kehrt zurück – als Wanderer, Radfahrer, Reiter. Genügend Pfade gibt es allemal, etwa den »Harzer Grenzweg«, der über Teile des Kolonnenweges führt. Diesen nutzten die DDR-Grenztruppen früher, um mit Fahrzeugen zu patrouillieren.

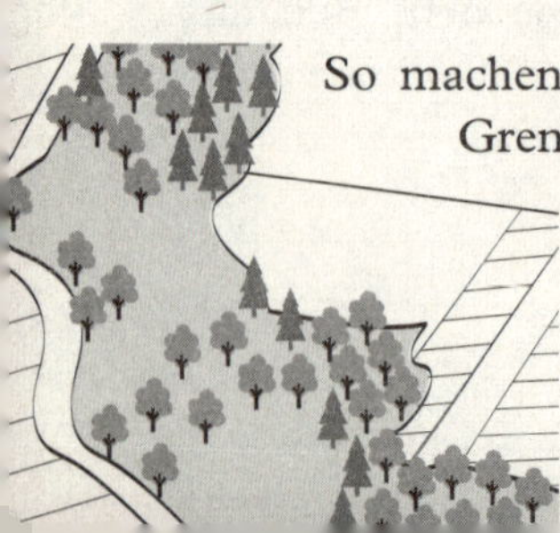

So machen Wanderungen oder ein Besuch der Grenzmuseen entlang der Strecke die Vergangenheit nicht vergessen – obwohl sprichwörtlich Gras darüber gewachsen ist.

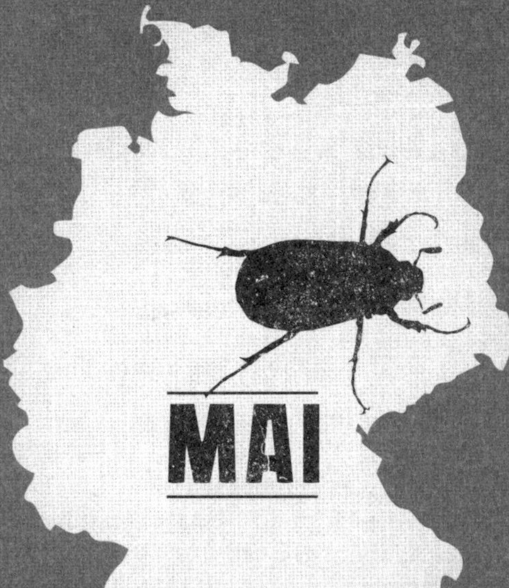
MAI

* Monats statistik *

NAME:

Einiges verweist darauf, dass der Mai seinen Namen der altitalischen Göttin Maia verdankt. Andere Quellen behaupten, Iupiter Maius, der Beschützer des Wachstums, sei der »Namenspatron«.

TAGE:

31. Kein anderer Monat des Kalenderjahres beginnt mit demselben Wochentag wie der Mai.

MITTLERES TEMPERATURMAXIMUM: 16,7 °C

MITTLERES TEMPERATURMINIMUM: 7,1 °C

REGEN-/SCHNEETAGE > 1MM: 10

SONNENSTUNDEN PRO TAG: 6,8

BESONDERHEIT:

Mitte Mai kommt es in Mitteleuropa immer mal wieder zu Kälteeinbrüchen und frostigen Nächten. Zig Bauernregeln befassen sich daher mit den »Eisheiligen« vom 11. bis zum 15. des Monats, den Namenstagen von Mamertus, Pankratius, Servatius, Bonifatius und der kalten Sophie. Auch noch wichtig: Der 22. Mai ist der »Internationale Tag der biologischen Vielfalt«.

BAUERNREGELPOESIE:

»Erst Mitte Mai ist der Winter vorbei.« –
»Vor Nachtfrost sicher bist du nicht,
bevor Sophie vorüber ist.«

TIER DES MONATS MAI

DER KUCKUCK

Umtriebig:

Cuculus canorus

IN KÜRZE

ABMESSUNG: mit bis zu 34 Zentimeter Länge etwa turteltaubengroß, allerdings schlanker. Männchen wiegen maximal 140 Gramm, Weibchen 115 Gramm.

ZUHAUSE: überall, wo auch andere Vögel leben, in Wäldern, Heiden und Mooren, rund um die Baumgrenze in den Bergen, in den Dünen an der Nordseeküste.

IM MAI: laut, lärmend, abenteuerlustig. Die Konsequenzen trägt ja die Vogelgesellschaft …

Kuckuck! Der Mai ist gekommen – und spätestens jetzt auch der Kuckuck. Die Männchen machen ordentlich Terz. Vielmehr Terzen: »Gu-kuh« rufen sie, auch in anderen Tonintervallen, um ihr Revier zu markieren und potentielle Nebenbuhler zu vertreiben. Oder »hach-hachhach«, wenn sie Weibchen verfolgen, und das gehört dieser Tage zu ihrer Hauptbeschäftigung. Die Kuckucksdamen bringen sie damit zwar zum Kichern und Trällern, doch die Begeisterung hält oft nicht länger als einen »One-Day-Stand«. Auf eine einzige Liebste wollen sich die Freizügler ohnehin nicht festlegen lassen. »Hach-hachhach!«

Kein Wunder also, dass die Weibchen ihre meist neun bis zwölf Eier lieber Pflegefamilien unterjubeln und die elterlichen Pflichten abgeben: an Rotkehlchen, Neuntöter, Wiesenpieper, Bachstelzen, Teichrohrsänger und sogar an Miniaturen wie die Zaunkönige. All diese Wirtsvögel erkennen den schiefergrauen Kuckuck zwar und »hassen auf«, so der Fachterminus (auf Englisch: *Mobbing*). Vor allem in nestnahen Zonen zetern sie lautstark und attackieren die Sozialschmarotzer aggressiv. Auf diese Weise jedoch verraten die Wirte erst recht, wo sich ihr »Baumhaus« befindet.

Die Eiablage ist dann nichts anderes als organisierte Kriminalität. Kuckucksdamen und -herren machen oft gemeinsame Sache: Er lenkt die Aufmerksamkeit der »Vögelhasser« auf sich, sie platziert in Sekundenschnelle ein Ei ins Nest. Rund zwölf Tage später dann pickt sich ein Jungvogel aus der Kalkschale.

Dieser legt von Geburt an ein recht zwanghaftes Verhalten an den Tag: Er will aufräumen! Nur Stunden nach der Schlupf entwickelt das noch nackte Riesenbaby Rausschmeißerqualitäten und schubst nacheinander alles aus seinem Kuckucks-Kinderzimmer, was ihm Kost und Logis streitig machen könnte: Eier und Stiefgeschwister. »Hach-hachhach!«

Das Line-up im MAI

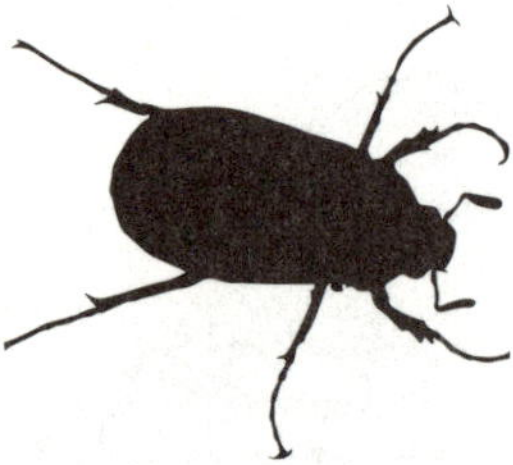

Das Leben im Untergrund hat ein Ende. Rund vier Jahre haben sie als Engerlinge in der Erde verbracht, haben gefressen, sich verpuppt, verwandelt, überwintert. Jetzt graben sich die fertigen, zwei bis drei Zentimeter großen **Maikäfer** aus dem Boden. In ihren kommenden rund sechs Lebenswochen nehmen sie so manches Blatt vor den Mund – und schlingen es hinunter.

Beim Waldmeistern hilft **Waldmeister**, in kleinen Dosen zum Beispiel gegen Kopfschmerzen und Krämpfe. Noch bis Mitte des Monats wächst das Kraut in Laub- und Mischwäldern, vor allem an schattigen Plätzen. Tipp: Nach dem Rupfen welken lassen – das intensiviert den Geschmack. Und aufgießen mit … schon klar.

Apropos Aufguss: Ab sofort blüht der **Schwarze Holunder** (weiß). An sonnigen Tagen, spätvormittags geerntet, entfalten die Dolden ein besonders starkes Aroma. In Kombination mit Wasser, Zucker und etwas Zitronensaft ist das ein guter Ansatz – für Sirup.

Vom Winde geweht flattern **Distelfalter** aus Afrika heran. Pro Saison legen die Pendler auf ihren Langstreckenflügen bis zu 15 000 Kilometer zurück, und das mitunter in mehreren tausend Meter Höhe.

Ein Leben auf der Klippe führen gerade **Basstölpel** auf Helgoland. Nachdem sie sich Nester aus Seetang, Gras, Erde, aber auch aus Plastikmüll in die steilen Felsen gebaut haben, halten die Paare nun ihr einziges Ei mit den gut durchbluteten Schwimmhäuten warm.

Flitterwochen! Beflügelt von dem Wunsch, sich fortzupflanzen, schwirren **Waldameisen** zum Hochzeitsflug aus: Durch die Luft sausen die Männchen samt der Königinnen in spe. Die Damen sammeln die Samen in speziellen Taschen, auf Vorrat. Nach der Begattung werfen sie die Flügel ab und übernehmen staatstragende Aufgaben: Eier legen. Die Männchen dagegen verhalten sich staatstragisch: Sie sterben.

Omnipräsente Promis polarisieren, das ist bekannt. Manch einer muss sich üble Beschimpfungen gefallen lassen: Pissnelke, Bettnässer, Bettpisser, Bettschisser … All diese Spitznamen (er)trägt der **Gemeine Löwenzahn**, der sich gerade wieder allerorten auf den Wiesen präsentiert. Seine essbaren Blätter sollen eine harntreibende Wirkung haben.

Bambi am Boden zerstört, das passiert leider gar nicht so selten. Denn jetzt, in den ersten drei, vier Lebenswochen, verharren junge **Rehe** eingerollt in der Deckung, dem Liegeplatz. Selbst wenn sich Mähdrescher nähern oder Hunde heranpreschen, flüchten sie nicht. Dennoch: haptische Mitleidsbekundungen unterlassen. Kitze nicht kitzeln, nicht hätscheln, nicht tätscheln. Müffeln sie nach Mensch, werden sie von ihren Müttern verstoßen. Sie selbst verströmen in dieser Zeit nämlich keinerlei Duft – zum Schutz vor Fressfeinden.

Spatzen leben im Plural. Die gerade mal 30 Gramm leichten **Haussperlinge** lassen sich derzeit hervorragend in freier Wildbahn beobachten, etwa neben dem Streuselkuchen auf einem Berliner Straßencafétisch. Tatsächlich ist ihr Bestand fast überall in Deutschland zurückgegangen. Außer in der Hauptstadt. Die Vermutung: Dort wird weniger gekehrt, es bleiben mehr Krümel und Reste zum Schnabulieren.

Haarsträubend! Nach der Blütezeit, die mit dem Mai endet, verlängert das **Scheiden-Wollgras** seine Hüllfäden. Diese weichen, weißen Wuschel nutzte man einst als Kissenfüllung, Wundwatte und – verzwirbelt – als Kerzendocht.

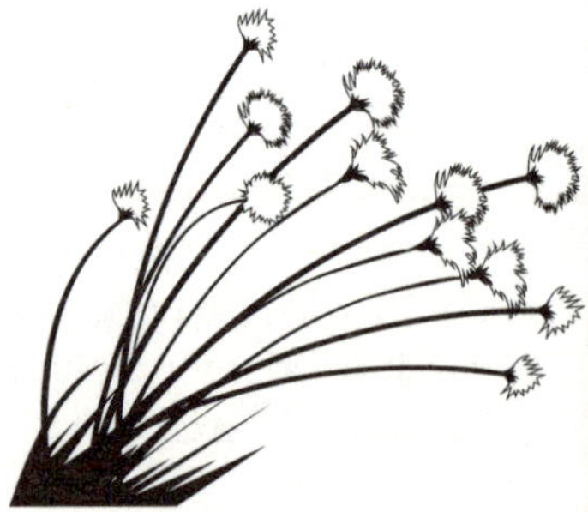

»Hilltopping«, das könnte dem Namen nach eine Trendsportart sein. De facto nennt sich so das »Dating & Mating« der **Schwalbenschwänze**. Auf sonnigen Bergkuppen treffen sich die gerade geschlüpften Schmetterlinge zum Kennenlernen – und landen schnell gemeinsam auf dem Pflanzenstängel …

Der Mohn ist aufgegangen, die zarten Blüten prangen, am Acker grell und rot. Das allerdings pro Exemplar nur zwei, drei Tage lang, dann verwelken die vier knittrigen Kronblätter des **Klatschmohns**. Zurück bleibt die Kapsel, in der die Samen heranreifen.

Das Leben ist kein Ponyhof! Die robusten **Dülmener Wildpferde** wissen das und kommen bestens damit klar. Ihre Herde hat mit rund 300 Tieren ordentlich PS, sie lebt im Merfelder Bruch bei Dülmen in Nordrhein-Westfalen. Eingezäunt zwar, aber vollkommen sich selbst überlassen. Nur am letzten Samstag im Mai greift der Mensch ein – und fängt mit viel Tamtam die Junghengste der Herde, um potentiellem Rivalitätsgerangel vorzubeugen.

Die Minnesänger lobten vieles über den grünen Klee und besangen im Mittelalter auch das Kraut mit den »gefiederten« Blättern inbrünstig als Sinnbild der Frühlingsfrische. Der **Rotklee** hat auch wirklich einiges zu bieten: ordentlich Protein für Schafe und Rinder etwa – und ab sofort auch gut gefüllte Blütenröhren für all die Langrüssel unter den Insekten.

NATUR-TICKER:

+++ Voll aufgedreht: Unsere Singvögel schmettern zur Balz in den höchsten Tönen. +++ Volle Pracht: Maiglöckchen blühen in Wäldern, Margeriten auf Wiesen, Alpenrosen im Gebirge. +++ Nachzügler: Vögel wie Neuntöter und Pirol kehren erst jetzt aus den Winterferien zurück. +++ Grassierend: Der Wind verstreut Pollen in alle Richtungen, denn ab sofort blühen die Gräser. +++ Ende der Fastenzeit: Zecken haben monatelang gehungert, jetzt dürsten sie nach Blut. +++ Erster Mai, erstes Ei: Rebhühner brüten am Rande von Äckern und Feldern. +++ Nachträglich: Auch »Spätlaicher« wie Wasserfrösche und Kreuzkröten platzieren jetzt ihre Eier in Teichen, Bächen, Tümpeln. +++ Beerdigung: Die Totengräber – Aaskäfer – pflanzen sich in Nachbarschaft zu den frisch geschaufelten »Gräbern« fort. +++

KOPF HOCH

Wieso wächst ein Keim in der Erde nach oben?

Und woher weiß er überhaupt, wo oben und unten ist? Der Keim steckt schließlich im dunklen Erdreich, sich selbst überlassen. Dort ruht er meist eine Weile vor sich hin. Schließlich keimen Keime nicht einfach drauflos: Sie »warten« auf ausreichend Wasser, Wärme, Licht und Luft, bis sie endlich aus sich herausgehen.

Dabei brechen zunächst die Wurzelanlagen aus dem Korn und wachsen tiefer in die Erde hinein. So verankern sie die Pflanze in spe im Boden und arbeiten zudem als »Durstlöscher«: Sie versorgen das Grünzeug mit gutem Stoff, mit Wasser und Mineralien.

Wurzeln folgen also einem Abwärtstrend, weil sie dank spezieller Sensoren Schwerkraft wahrnehmen können. Biologen nennen das Phänomen »Gravitropismus«. Und es ist eine Spitzenleistung, denn genau dort, in den Wurzelspitzen, sitzen winzige Schweresteinchen, die als Rezeptoren die Richtung der Schwerkraft erkennen. Wurzeln wachsen darum zum Erdmittelpunkt hin. Auch Sprossen »fühlen« die Gravitation, wachsen aber in die entgegengesetzte Richtung: weg vom Erdmittelpunkt. Selbst in völliger Dunkelheit streben Letztere hoch hinaus, stoßen sich gekrümmt aus der Erde und recken sich gen Himmel, der Sonne entgegen.

Und tatsächlich: Wie man es auch dreht und wendet, ein keimendes Samenkorn wird die Wachstumsrichtung seiner Wurzeln und Sprossen immer wieder der Schwerkraft anpassen. Ein Vorteil, gerade für Pflanzen in Hanglage: Sie können auf diese Weise auch am Berg eine aufrechte Haltung bewahren.

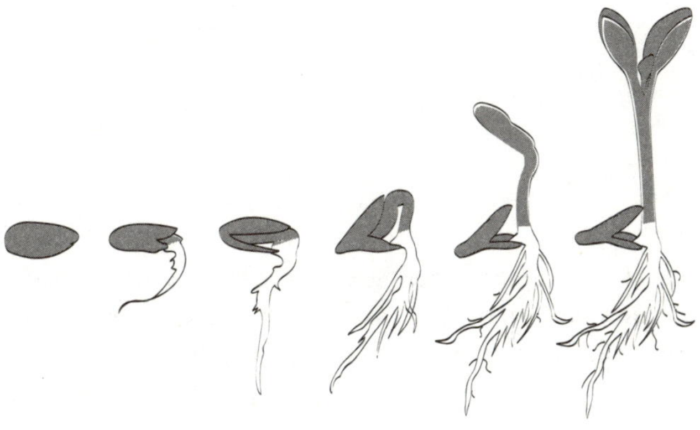

KLEINER DIENSTWEG

Wie finden Bienen zu ihrem Stock zurück?

Der Denkapparat: nicht größer als ein Stecknadelkopf. Darin: ein Orientierungssinn, den sich manch Wanderer wünschen mag. Bienen sind perfekte Pfadfinder. Und das müssen sie auch sein, verbringen sie doch einen Großteil des Tages Nektar naschend, Nektar haschend auf dem Dienstweg.

Doch bevor sie auf Tour fliegen, drehen sie zunächst ein paar Erkundungsrunden um den Stock, zur Standortbestimmung. Dabei prägen sie sich Merkmale der Landschaft ein, einen Berg oder Hügel zum Beispiel. Dank ihrer Facettenaugen müssen sie sich für den Rundumblick nicht einmal drehen. Machen sie endlich den Abflug, tickt in ihrem Kopf eine Art Flugschreiber: eine Landkarte, mit der sie sich auch auf dem Heimweg orientieren.

Zudem registrieren Bienen die zurückgelegte Entfernung, sehen auch das für uns unsichtbare ultraviolette Licht der Sonne und erkennen deren Stand, sogar an wolkenverhangenen Tagen. Die »Fluglotsen« können nämlich die je nach Sonnenstand unterschiedliche Polarisation des Lichts wahrnehmen. Den Insekten dient das als weitere Navigationshilfe. Zurück im Stock unterstützen sie auch die Kollegen bei der Routenplanung – indem sie Futterquellen mit einem kommunikativen Schwänzeltanz verraten.

EINE MENGE HOLZ!

Biber beobachten

Junge, Junge, in der Burg ist was los: Im Mai und Juni bekommen die Biber Babys. Zur Wahrung des Burg- und Familienfriedens verlassen die ältesten, meist dreijährigen Söhne und Töchter zuvor den Bau und begeben sich auf Wasserwalz, um eigene Reviere zu suchen. Denn nun hat der neue Nachwuchs Vorrang: Sechs bis acht Wochen lang wird er gesäugt. Bis Muttern kurzen Prozess macht und die Kleinen sprichwörtlich ins kalte Wasser wirft. Zum Beispiel in das der Elbe. Oder in die Oder, die Donau, die Spree, den Main. Längst siedeln Biber wieder an Deutschlands Gewässern, im Norden, Süden, Westen und Osten.

Dabei waren sie einst fast überall in Europa ausgestorben. Das dichte Fell, das die Tiere beim Schwimmen isoliert wie ein Neoprenanzug, hatte es den Menschen angetan – in Form von Mantelkragen und Mützen. Der Biber war sogar das Wappentier der Hutmacher. Auch das Bibergeil fand Absatz: Mit diesem öligen Sekret setzen die nachtaktiven Nager Parfümmarken in ihren Revieren. Die Menschen jedoch nutzten es als Heilmittel gegen allerlei Wehwehchen. Und dann, im 18. Jahrhundert, erklärten sie den Säuger sogar kurzerhand zum Fisch. Kirchlich herangezogenes Indiz: der schuppige Schwanz, der an sich

bloß Steuer, Stütze und Fettdepot für den Winter ist. Es war ein übler Fake zur Fastenzeit: Fische durften verzehrt werden – nun also auch das Biberfleisch.

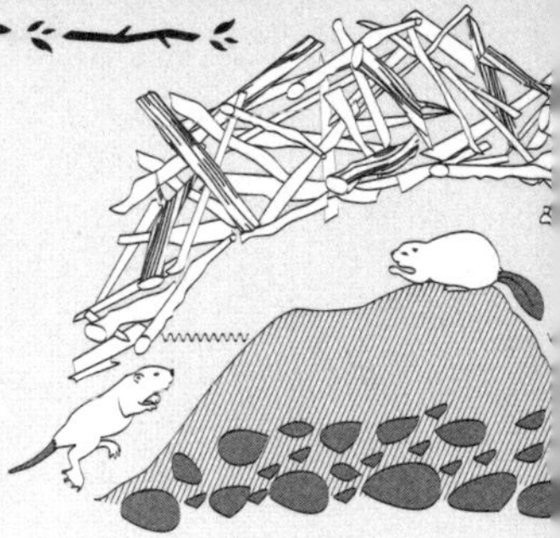

Das ist vorbei, zum Glück, und dank diverser Wiederansiedlungs- und Schutzprojekte schwimmt und nagt und baut *Castor fiber* wieder bei uns und lässt sich auch beobachten. Sein wissenschaftlicher Name leitet sich übrigens vom lateinischen *castrare* ab, was übersetzt »schneiden« bedeutet und auf die vier kräftigen Nagezähne des Bibers anspielt. Diese »Meißel« blitzen nicht weiß wie in der Zahnpastawerbung – der harte Schmelz ist vielmehr orangefarben. Jeden Monat wachsen die Beißer den Zentimeter nach, den sie sich in etwa abnutzen. Denn der Biber nagt damit nun mal an Ästen und Stämmen, die anschließend aussehen wie Sanduhren. Jede Menge Hölzchen und Stöckchen schleppt er Richtung Uferböschung, um sie dort zu riesigen Haufen aufzutürmen, den Biberburgen. Der Zugang: streng limitiert für Familienmitglieder und einzig unter Wasser zu erreichen, um den Kuppelbau vor Eindringlingen zu schützen.

Bisweilen staut der Biber sogar rundherum Flüsse auf, wenn diese nicht tief genug sind. Damit betreibt er »sozialen Wohnungsbau«: Fischen bieten die Swimmingpools Laichplätze, auch Libellen und Eisvögel schätzen die Naturbecken als Lebensraum. An Land sorgt der

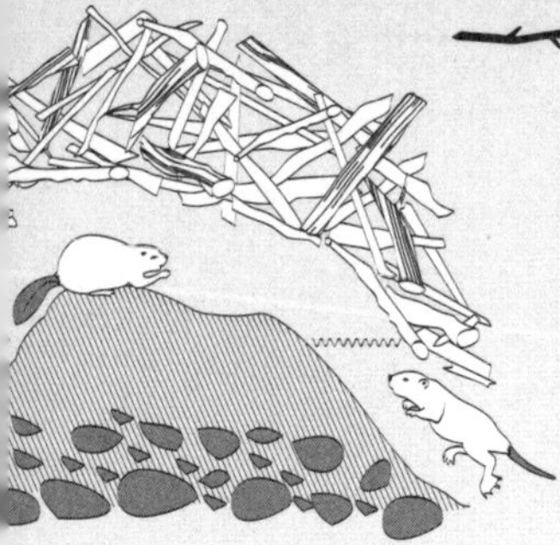

Biber zudem für eine Menge Totholz – und gründet damit so manche Krabbelgruppe: Zahlreiche Insekten leben auf und unter der Rinde.

In Bibergebieten, den Auen, lässt sich also jede Menge Holz bestaunen – und in der Dämmerung auch der ein oder andere zugehörige »Bauingenieur«. Zum Beispiel in den Elbtalauen, jener Stromlandschaft, die sich über fünf Bundesländer erstreckt, und in Bayern, wo eine große Population entlang der Donau und ihrer Zuflüsse lebt. In vielen Gegenden bieten Ranger Safaris an, unter anderem im Spessart oder am Chiemsee. Auch bei abendlichen Boots- oder Paddeltouren, etwa auf der Peene in Mecklenburg-Vorpommern, kann man dem Biber nahekommen. Dabei gilt: immer mit der Ruhe, dann ist er vielleicht auch zu hören! Manchmal nämlich beklatscht er die Anwesenheit von uns Menschen mit einem Schwanzschlag aufs Wasser – um seine Artgenossen zu warnen.

JUNI

* Monatsstatistik *

NAME:
Benannt ist der Monat nach der römischen Göttin Juno, der Gattin des Jupiter.

TAGE:
30. Kein anderer Monat eines Jahres startet mit demselben Wochentag wie der Juni.

MITTLERES TEMPERATURMAXIMUM: 19,9 °C

MITTLERES TEMPERATURMINIMUM: 10,5 °C

REGEN-/SCHNEETAGE > 1MM: 11

SONNENSTUNDEN PRO TAG: 7,1

BESONDERHEIT:
Der Tag der Sonnenwende fällt auf den 21. Juni (seltener auch auf den 20. oder 22. Juni). Auf der Nordhalbkugel ist das der längste Tag des Jahres – und logischerweise die kürzeste Nacht. Weitere wichtige Tage: Der 5. Juni ist der »Tag der Umwelt«, der 8. der »Tag des Meeres«.

BAUERNREGELPOESIE:
»Im Juni viel Donner,
bringt einen trüben Sommer.«
»Wenn kalt und nass der Juni war,
verdirbt er meist das ganze Jahr.«
»Gibt's im Juni Donnerwetter, wird
auch das Getreide fetter.«

TIER DES MONATS
JUNI

DER HIRSCHKÄFER

Geweiht:

Lucanus cervus

IN KÜRZE

ABMESSUNG: Männchen werden maximal neun Zentimeter lang, Weibchen bis zu sechs Zentimeter.

ZUHAUSE: Laub- und Eichenwälder, bisweilen auch Gärten oder Parks.

IM JUNI: äußerst trinkfest. Die Tiere nutzen Eichen als Tankstellen, ihr Sprit ist der Pflanzensaft.

Hirschkäfer sind die Brummis unter den Käfern: Bis zu acht, neun Zentimeter messen die Männchen, die die etwas kleineren Damen, nun ja, ausgerechnet mit ihren Oberkiefern zu beeindrucken versuchen: dem »Geweih«. Tatsächlich können sie damit nicht fressen, beißen, kauen. Sie setzen das Gestänge a) beim Käferkampfsport ein und b) zum Festhalten der Weibchen während der Paarung. Wenn sie denn a) den Käferkampf mit einem Sieg durch K.o. errungen haben.

Dazu müssen sie ihren Kontrahenten entweder auf den Rücken hebeln, vom Ast jagen oder, besser noch, gleich ganz vom Baum stoßen. Nur dann haben die »Geweihten« Zeit und Ruhe, sich an Madame heranzumachen, sie zu beklettern und in die Geweihzange zu nehmen. Manchmal verharren die Paare gleich mehrere Tage in dieser Position – und damit eine verhältnismäßig lange Zeit ihres Erwachsenendaseins.

Den weitaus größten Teil ihres Lebens verbringen sie nämlich als Larve im Boden. Haben sie sich einmal aus der Erde gegraben, bleiben den Hirschkäfern nur wenige Wochen, um an lauen Sommerabenden summend-brummend durch Laubwälder zu schwärmen. Bevorzugt übrigens rund um verletzte Eichen, lecken sie doch mit Genuss deren Wunden.

Denn aus Rissen in der Rinde, entstanden durch Blitzeinschläge, Wind und Wetter, quillt Baumsaft heraus, oft über Jahre hinweg. Diese Flüssignahrung schlecken die Hirschkäfer mit einem gelben »Pinsel«, ihrer Unterlippe. Gern knabbern die beißkräftigen Weibchen die Wundränder dazu noch ein wenig weiter auf, um an den Saft zu gelangen, in dem jede Menge Zucker und Pilze stecken. Diese brauchen die Tiere für die Entwicklung ihrer Zellen.

Bisweilen schlürfen Herren- wie Damenhirschkäfer dann versehentlich auch ein paar Schlucke vergorenen Baumsaft. Und so endet manche Sommer-Sauftour buchstäblich mit einem Absturz … Cheers!

Das Line-up im JUNI

Früh auf den Beinen sind die Kitze der **Alpensteinböcke**. Anfang Juni kommen sie zur Welt und stolpern schon nach wenigen Lebensstunden der Mutter hinterher. Mit ihr gehen sie bald gemeinsam die Wände hoch – im Ammerwald, im Hagengebirge, nahe Bayrischzell und an der Benediktenwand. Die Väter haben wenig Bock auf Elternzeit und ziehen lieber mit ihren Kumpels los …

Zur Erinnerung: Moorfroschmännchen verfärben sich zur Paarungszeit blau. Dasselbe in Grün passiert mit den sonst braunen, maskulinen **Zauneidechsen**: Kopf, Rumpf, Bauch – alles im grünen Bereich. Wenigstens jetzt, während sie die passende Gefährtin suchen.

Die **Walderdbeere** ist ein Gedicht. Das wussten bereits die Poeten der Antike und priesen die fingernagelgroße Sammelnussfrucht mit süßen Zeilen. So wie wir, hier, die Waldeszier, in ihr'm Revier, schier … äh … empfehlen. Ab sofort in lichten Laub- und Nadelwäldern.

Ein Nest mit Stil am Stiel: Auf Wiesen und Feldern scheinen manche Gräser überzuschäumen. In diesem watteweißen Traum aus Schaum gedeihen die Larven der **Wiesenschaumzikaden** – wohltemperiert, regensicher, dennoch in angenehm feuchter Umgebung. Im Juni sind die Zikaden ausgereift und verlassen das nasse Nest.

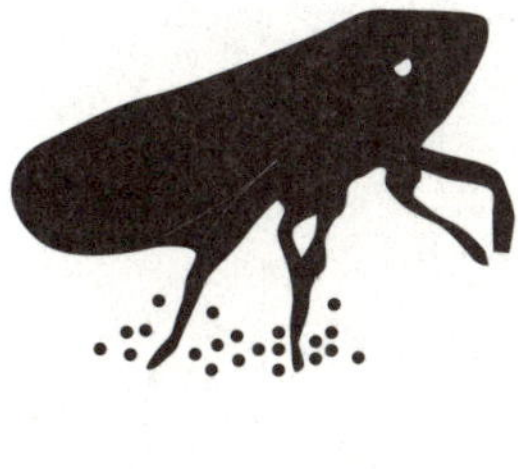

Seehunde in der Nordsee müssen jetzt auf die Bank. Bei Ebbe bringen die Weibchen dort, auf den Sandbänken, ihre Jungen zur Welt, die schon bei der nächsten Flut ihren Freischwimmer machen. Übrigens, nach vier bis sechs Wochen haben sie ihr Gewicht verdreifacht. Die Muttermilch macht's. Fettgehalt: mindestens 45 Prozent.

Kohlschnaken sind Saufnasen. Und das müssen sie auch sein! Die Mücken mit den langen Staksen besitzen nämlich ein loses, na ja: weiches Mundwerk, das feste Nahrung nicht zerlegt. Nektar dient ihnen als Durstlöscher. Derzeit schwirrt die erste von zwei Generationen durch die Nacht. Ihr Kiez: Wiesen, Gärten, Felder.

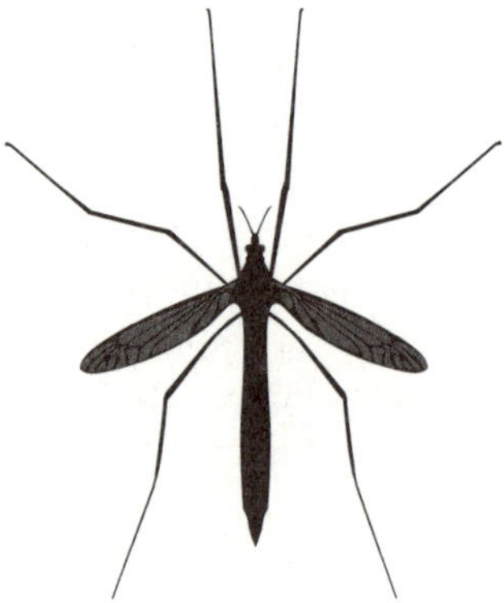

Eieiei, wohin denn nur? Auf der Suche nach dem perfekten Platz für ihre bis zu 30 Eier schlängeln sich weibliche **Ringelnattern** gegen Ende des Monats rund um Tümpel und Weiher. Sie legen die Eier dann mit Vorliebe in einen feuchten, warmen – Misthaufen.

An Wegrändern und Schuttplätzen leuchten die knallgelben Knöpfchen des **Rainfarns**. Ein jedes besteht aus rund 100 winzigen Röhrenblüten. Als Nektar-Bar sind diese besonders bei kurzrüsseligen Käfern und Wanzen beliebt, da sich das Zuckerwasser leicht abzapfen lässt. Unsereinem hilft der Rainfarn im Falle des räumlichen Orientierungsverlusts: Bei Sonnenschein streckt die Kompasspflanze ihre Blätter senkrecht gen Süden.

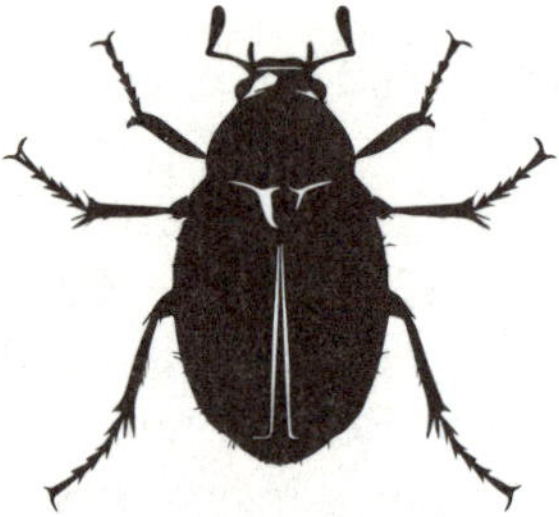

Im Mai fliegt der Maikäfer, im Juni der **Junikäfer** – sperriger auch »Gerippter Brachkäfer« genannt. Ende des Monats schwingt er sich in die Luft, meist in der Dämmerung und im buchstäblichen Wortsinne liebestaumelnd. Sein Ziel: Sex. Sein Flugstil: unkoordiniert. Das führt zu mancher Kollision. Und einem weiteren Spitznamen: Torkelflieger.

Gibt der Rainfarn die Richtung vor, nennt die **Wegwarte** die Tageszeit, wenngleich eher grob, also nicht ganz so exakt wie die Braunschweiger Atomuhr … Aber: Am Vormittag öffnet der Korbblütler seine blauvioletten Blüten; jede nur einmal. Am Nachmittag hat er geschlossen.

Null Prozent Arbeitslosigkeit! Vollbeschäftigung! Vereinbarkeit von Familie und Beruf! Im Sozialstaat der **Gartenhummeln** schuften alle gemeinsam, wenngleich nicht ganz ohne Gebrummel. Derzeit sausen die Arbeiterinnen über Wiesen und Weiden, durch Parks und Gärten und entlang von Waldrändern, um Nektar und Pollen zu sammeln. Fürs Volk, natürlich.

Unter dem Pantoffel dieser Orchidee steht ein bis zu 60 Zentimeter hoher Stängel: der **Gelbe Frauenschuh**, benannt nach seiner vier bis acht Zentimeter großen Blüte, die einem Schlappen ähnelt. Der Wildwuchs gedeiht bevorzugt in Laub- und Mischwäldern, leider jedoch nur noch selten.

Farbflexibel zeigen sich die Weibchen der **Veränderlichen Krabbenspinnen**. Oder besser: zeigen sich eben nicht. Nehmen die Achtbeiner auf einer weißen Blüte Platz, färben sie sich weiß. Auf einer gelben gelb. Auf einer grüngelben grüngelb. Setzen Biene, Wespe, Fliege, Schmetterling zu einer Zwischenlandung an, grapscht sie die Krabbenspinne mit den Vorderbeinen – und vergiftet die Beute.

Manch einen Raupüberfall muss der Strauch überstehen: Die Larven von gut 50 Schmetterlingsarten machen sich über die Blätter der **Himbeere** her. Bitte, sollen sie doch. Wir pflücken lieber die ersten rosaroten Früchte, die ab jetzt im Gestrüpp hängen, und zwar an sonnigen Waldrändern und auf Lichtungen.

NATUR-TICKER:

+++ Endlich Sommer: Hochsaison für Schmetterlinge! Auch zig Raupen knabbern sich durchs Grün. +++ Neu eingekleidet: Alpenmurmeltiere wechseln ihr Fell. +++ Aufgeweckt: Auf der Suche nach Knospen, Rinde, Früchten klettert der Siebenschläfer, ein kleiner Nager, nächtens durchs Geäst von Laubbäumen. +++ Ausgereift! Sommerzeit = Kirschenzeit. Besonders aromatisch sind alte, seltene Sorten, etwa vom Mittelrhein. +++ Komischer Kopfschmuck: Rothirschen wächst ein Kolbengeweih; noch ist es mit Bast überzogen. Damit lässt sich nicht kämpfen – im Rudel herrscht Ruhe und Frieden. +++ Junge Mode: Der Turmfalkennachwuchs legt das Daunenkleid ab. +++ Decrescendo: Gegen Ende des Monats wird der Vogelsingsang leiser. Reviergrenzen sind längst gezogen, die Partnersuche ist abgeschlossen. +++

BEI LICHT BETRACHTET

Warum ist der Himmel blau?

Wie so vieles im Leben ist auch das eine Frage der Wellenlänge, hier konkret: der elektromagnetischen. Blinzeln wir an einem Sommertag mittags in die Sonne, erscheint uns diese als gleißend weißer Ball. Denn ihr Licht setzt sich aus unterschiedlichen Lichtwellen zusammen: Manche sind lang-, manche mittel-, manche kurzwellig. Und genau das entscheidet darüber, welche Farbe wir wahrnehmen. Langwelliges Licht etwa erscheint uns rot, kurzwelliges blau. Ein Mischmasch sämtlicher Wellenlängen ergibt in unseren Augen Weiß.

Strahlt die Sonne nun mit aller Kraft gen Erde, müssen ihre Strahlen die Atmosphäre durchqueren. Dieser Gas-Airbag unseres Planeten besteht hauptsächlich aus Sauer- und Stickstoff. Prallt eine Lichtwelle während ihrer Reise durch die Hülle auf ein Gasteilchen, haut es sie aus der Bahn. Physikalisch ausgedrückt: Das Licht wird gestreut. Genau jetzt spielt die Wellenlänge die entscheidende Rolle, denn die kurzwelligen blauen Strahlen werden stärker gestreut als die langwelligen. Das Ergebnis dieses Ablenkungsmanövers: Das »Blaulicht« – völlig neben der Spur – zickzackt über das Firmament und »färbt« den gesamten Himmel.

Steht die Sonne morgens und abends tief, müssen ihre Strahlen einen längeren Weg zu uns zurücklegen. Dann dringen hauptsächlich die langwelligen rötlichen Strahlen durch die Atmosphäre. Das Blau? Ist längst zerstreut.

HÖHERE MATHEMATIK

Wann ist ein Berg ein Berg?

Größe, Dominanz, Prominenz. Wer auffallen will, muss überragen. Das gilt auch in der Bergwelt. Die Frage »Wann ist ein Berg ein Berg?« ist dennoch nicht so leicht zu beantworten.

Klar, da ist die Größe. Oder besser: die absolute Höhe. Niemand spricht der Zugspitze mit ihren 2962 Metern den Bergstatus ab. Zusätzlich aber braucht ein Berg im fundamentalistischen Wortsinne ein Alleinstellungsmerkmal: die Dominanz. Geographen errechnen diese, indem sie den Blick übers Bergpanorama gleiten lassen und die nächsthöhere Erhebung suchen. Auf der Karte messen sie die Entfernung. Thront ein Berg in einem großen Umkreis einsam und erhaben über ausschließlich niedrigeren Nebenbergen, ist er besonders dominant.

Wie der Harzer Brocken. Der ragt bloß gute 1141 Meter in die Höhe, dominiert jedoch mit mehr als 220 Kilometern. Sein nächster ihn überragender »Nachbar« ist der Fichtelberg im Erzgebirge.

Nun gilt es noch, die Prominenz der Erhabenen zu ermitteln, auch Schartenhöhe genannt. Diese gibt an, wie viele Höhenmeter man von einer Bergspitze mindestens hinunterkraxeln muss in jene Scharte, die zu einem höheren Gipfel führt. Laut Definition braucht ein Alpengipfel einen Promi-Faktor von 100 bis 300 Metern, um ihn als eigenständigen Berg zu qualifizieren.

Lummentage

DIE KLIPPENSPRINGER VON HELGOLAND

Nur Trottel stürzen sich aus einer Höhe von 40, 50 Metern in die Tiefe. Hungrige Trottel. Und zwar ab Mitte des Monats auf Helgoland. Gelockt von den »Wasserrufen« ihrer Eltern, einem tiefen, ermutigenden »Arrahoorrrr«, springen die noch flugunfähigen Küken der Trottellummen aus ihrem Brutfelsen in die Tiefe. Im besten Fall direkt ins Nordseewasser. Somit erleben die Jungvögel ihren ersten Absturz im zarten Alter von gerade mal gut drei Wochen.

Und warum das Ganze? Weil die Eltern ihren Fischlieferservice einstellen. Trottellummen sind nämlich nur mäßige Flieger, ihr Element ist das Wasser. Also krakeelen sie an witterungsruhigen, windstillen Tagen in der Dämmerung ihren Nachwuchs ins Nass, statt die nächste Schnabelladung Richtung Felssims zu fliegen. Den Küken bleibt keine Wahl: etwas hektisches Flügelschlagen hier, ein paar aufgeregte Pfiffe dort – Absprung! Dank ihrer V-förmigen Rippen, den Stummelflügeln, einem Netz aus körpereigenen Airbags und dem flauschigen Federaufprallschutz verletzen sich die meisten Klippenspringer bei der Landung zum Glück nicht. Selbst wenn sie

das Wasser verfehlen und aufs Felswatt donnern.

Die Elternvögel – in ständiger Rufbereitschaft – orten ihren Nachwuchs dann akustisch und nehmen ihn mit hinaus aufs Meer, wo die Tiere fortan die meiste Zeit ihres Leben verbringen. Vom Oberland der Insel aus ist der Lummensprung besonders gut zu beobachten. Fernglas, Kamera, Windbreaker und, ja, Geduld nicht vergessen.

JULI

* Monats statistik *

NAME:

Kein geringerer als Julius Caesar ist »Pate« dieses Monats. Auf ihn geht die Kalenderreform im Jahr 46 vor Christus zurück. Alte deutsche Begriffe sind auch Heuert oder Heumonat – im Juli ist die erste Heu-Mahd fällig.

TAGE:

31. Der Monat startet stets mit demselben Wochentag wie der April. Minuspunkt: Der Juli ist hierzulande frei von Feiertagen.

MITTLERES TEMPERATURMAXIMUM: 21,6 °C

MITTLERES TEMPERATURMINIMUM: 12,2 °C

REGEN-/SCHNEETAGE > 1MM: 10

SONNENSTUNDEN PRO TAG: 7,1

BESONDERHEIT:

Im Schnitt ist der Juli der wärmste Monat des Jahres, wenigstens bei uns nördlich des Wendekreises.

BAUERNREGELPOESIE:

»Im Juli muss vor Hitze braten,
was im September soll geraten.«
»Ein tüchtiges Juligewitter ist gut
für Winzer und Schnitter.«
»Im Juli warmer Sonnenschein
macht alle Früchte reif und fein.«

TIER DES MONATS
JULI

Abgehoben: DIE LIBELLE

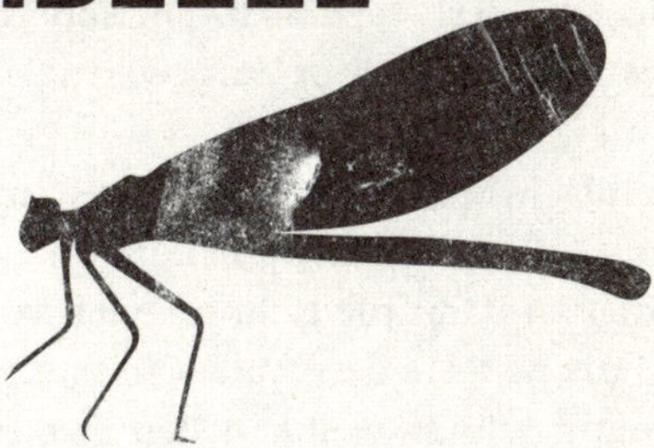

Odonata

IN KÜRZE

ABMESSUNG: je nach Art ein paar Zentimeter groß – oder auch ein paar mehr. Beispiel: Die Braune Mosaikjungfer misst rund acht Zentimeter und erreicht von Flügelspitze zu Flügelspitze eine Spannweite von bis zu zehneinhalb Zentimetern.

ZUHAUSE: Die rund 80 heimischen Arten schwirren, wo ruhige Gewässer nicht weit sind. So gekonnt sie auch fliegen: Den größten Teil ihres Daseins fristen sie als Larven unter Wasser.

IM JULI: aufbrausend, abflugbereit, auf der Flugjagd wenig zimperlich.

Rund um Teiche, Tümpel, Moore, Weiher, Flüsse, Bäche wird's im Juli schlüpfrig: Frühmorgens klettern hier und da Libellenlarven aus dem Wasser und streifen ihre Hülle ab. Nach Jahren im kühlen Nass beginnt nun das Luftikus-Leben: Die Insekten starten durch, sobald ein paar Sonnenstrahlen ihre Flugmuskulatur aufgewärmt haben.

Wendig wie Hubschrauber preschen sie voran, schweben auf der Stelle, drehen Schleifen und Bögen, stoppen plötzlich, schießen dann pfeilschnell nach vorn, um von einer Sekunde auf die nächste den Rückwärtsgang einzulegen. Diese Luftakrobatik gelingt, weil Libellen ihre Flügel einzeln steuern können. Manch ein Exemplar ist dabei mit einer Geschwindigkeit von 50 Kilometer pro Stunde unterwegs.

Gut zu Fuß sind die Räuber hingegen nicht. Ihre langen, dornigen Beine benutzen sie vor allem zur Jagd, die sie im temporeichen Flug erledigen: Sobald sie ein Opfer erspäht haben – eine Mücke, eine Fliege oder auch einen kleineren Artgenossen –, »stellen« sie ihren Körper senkrecht in die Luft, schieben die sechs Beine nach vorn und verwinkeln sie zu einem Fangkorb, in den die Beute geradewegs hineinprallt. Die schlanken Jagdflieger bringt das nicht aus dem Gleichgewicht: Den Happen schnappen sie »on the fly« und zerreißen ihn zugleich in der Luft. Nicht umsonst tragen Libellen den wissenschaftlichen Namen *Odonata* – »die Gezähnten«.

Einst dachten die Menschen, Libellen könnten auch unsereinem gefährlich werden. Gängige Bezeichnungen waren »Teufelsnadeln« und »Augenstecher«, weil man das lange Hinterteil der Tiere als Stachel missdeutete. Dabei brauchen es Libellen für den Radschlag: Zur Fortpflanzung verbiegen sich Weibchen und Männchen, so dass ihre Körper ein »Paarungsrad« bilden, das einem Herz gleicht. Genau aus diesem Grund nennen Franzosen die Figur poetisch *cœur d'amour* – »Herz der Liebe« …

Das Line-up im JULI

Husch, husch, ins Körbchen: Die **Pilze** schießen aus dem Boden. Pfifferlinge, Maronenröhrlinge, Waldchampignons und Steinpilze eröffnen die Vorsaison. Bis in den Herbst hinein sollten Sammler auf der Hut sein – und im Wald genau danach Ausschau halten.

Gute Wahl, so ein Sommertag auf Sylt. Nicht zuletzt, weil hier und da die Rückenflossen der **Schweinswale** aus den Fluten stechen, und das ist vom Strand aus sichtbar. Rund 6000 der delphinartigen Meeressäuger leben schätzungsweise vor der größten nordfriesischen Insel. Derzeit kalben die Weibchen.

Training, Training, Training. Junge **Weißstörche** heben ab und absolvieren ihre ersten Flugstunden. Das müssen sie auch, schließlich steht in wenigen Wochen der Flug ins afrikanische Winterquartier an. Dann segeln sie bis zu 500 Kilometer pro Tag.

Donnerwetter! Gerade im Juli grollen häufig **Gewitter** heran, weil die Sonne die Erde aufheizt, feuchtwarme Luft nach oben steigt und sich unfreundliche Wolken bilden. Eine hochspannende Angelegenheit: Bis zu 250 Kilometer lang können Blitze innerhalb einer Wolke werden. Das entspricht etwa der Entfernung zwischen Hamburg und Kassel.

Durchgehend geöffnet? Von wegen. Die **Weiße Seerose** blüht zwar jetzt auf Seen, Teichen und ruhigen Gewässern. Rosige Zeiten brechen allerdings nur an sonnigen, wonnigen Tagen an. Bei Regenwetter schließt die Wasserpflanze ihre Blüte.

Mäusebussarde sind die Helikopter-Eltern unter den Greifvögeln. Jedenfalls unternehmen sie dieser Tage so manchen Tiefflug zur Sicherung des Brutreviers und bewachen ihre Nester im Wald mit Adleraugen. Auch Jogger sollen sie schon attackiert haben. Ob Mensch, ob Tier – wenn's um den Nachwuchs geht, fahren Eltern eben ihre Krallen aus.

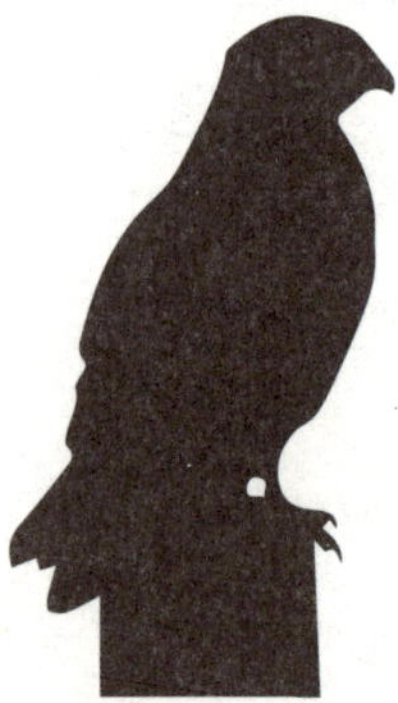

Edel weiß blüht das **Edelweiß**, an steilen Hängen in den Alpen, ab 1800 Metern aufwärts. Ein »Pelz« auf den Blättern schützt den Stern vorm Austrocknen, vor Kälte, Wind und »Sonnenbrand«. Der Legende nach soll die Blume aus den Tränen einer Jungfrau erwachsen sein, die über die Untreue ihres Liebsten heulte. Und auf Rache sann: Der Betrüger sollte das Edelweiß im Gebirge pflücken – und abstürzen.

Glühwürmchen haben im Juli ordentlich die Lampen an. Nacht für Nacht setzen sie den Blinker – und morsen sich auf diese Weise einen Partner herbei. Spezielle Organe an der Bauchunterseite ihres Hinterleibs sorgen für die nötige Strahlkraft, Biolumineszenz genannt.

Jetzt aber hopp! Denn so langsam neigt sich die Paarungszeit der **Wildkaninchen** ihrem Ende zu. Über Monate hinweg war die Wurfbereitschaft der Weibchen äußerst hoch: 30 Junge pro Jahr sind im Kosmos der Kaninchen keine Seltenheit.

Tschüs, Horst! Die ersten jungen **Seeadler** ziehen aus und verlassen die elterlichen Reviere, die hierzulande im Norden und Nordosten liegen. Ab sofort haben die Fischfresser ihr Leben lieber selbst im Griff – kräftig genug sind ihre Fänge allemal.

Bei Prellung oder Schwellung, Gelenk- oder Muskelbeschwerden: **Arnika** ist ein prima Ersthelfer. Derzeit blüht die seltene Pflanze auf so mancher Wiese. Wer die Heilkraft der Bergblume am eigenen Leib testen will, muss jedoch auf die Tube drücken – die Creme-Tube: Arnika steht unter Naturschutz.

Zusammen ist man weniger allein. Genau das aber schätzt der **Baummarder**: die Einsamkeit. Dank seiner kräftigen Krallen jagt er flink die Stämme hoch und runter, räubert hier ein Vogelei, da eine Maus oder einen Lurch und als Dessert vielleicht ein paar Früchte und Beeren. Das Beste: Keine Pfotevoll muss er davon abgeben. Bloß jetzt, zur Ranz, sucht er sich Begleitung für ein wenig Zeit zu zweit.

Nur noch diesen Monat hüllt sich die **Lachmöwe** in ihre feinsten Federn, in das saisonale Prachtkleid mit der schwarzen Maske. Bald zieht sie schlichteres Gefieder auf. Bis zum nächsten Frühjahr erinnert dann nicht viel mehr als ein Ohrenfleck an den Schwarzkopf.

Das ist Wucher! Denn wo er wächst, da greift er um sich: **Giersch** breitet sich aus … und aus … und aus … und aus …, ob in Wäldern oder Gärten. Seine Blätter, zwischen den Fingern zerquetscht, sollen den Juckreiz von Mückenstichen lindern. Und sie schmecken zudem köstlich in Kräuterlimo oder -butter, vermischt mit Quark oder in der Suppe.

Panzer im Watt! Junge **Strandkrabben** krabbeln. Ein breites Kreuz haben sie zwar noch nicht, die »Schale« misst erst an die fünf Millimeter. Dafür ist sie gut gemustert und tarnt so die seitwärts laufenden »Querulanten« vor Fressfeinden.

Sie sind ein Sommernachtstraum, die **leuchtenden Nachtwolken**. Das seltene Himmelsglimmen hat derzeit Hochsaison. Bestrahlt von den ersten oder letzten Sonnenstrahlen des Tages schimmern dabei Eiskristalle in den Wolken, sofern diese in gut 80 Kilometern Höhe schweben, wo es extrem frostig ist. Ein einleuchtendes Erlebnis!

Saure Böden, süße Beeren: In Nadelwäldern geht's rund, die **Heidelbeeren** machen blau. Die Fruchtkugeln jetzt ernten, waschen, naschen – und ein paar Handvoll zum Trocknen beiseitelegen. Zu Tee aufgegossen lindern sie Durchfall.

Bock auf Buchen suchen? Dafür ist jetzt die richtige Zeit. In Höhenlagen von etwa 350 bis 1500 Metern krabbelt der attraktive **Alpenbock** auf den Bäumen herum. Der Käfer ist gezeichnet: Seinen himmelblauen »Pelz« zieren samtig-schwarze Flecken. Gut, dass der Schönling bereits auf Briefmarken verewigt wurde: Der Prachtkerl lebt nur wenige Wochen.

NATUR-TICKER:

+++ Auf der Höhe: Blau, blau, blau blüht der Enzian, jetzt noch in den Alpen. +++ Umbaumaßnahmen: In Teichen und Tümpeln verwandeln sich Kaulquappen in Jungfrösche. +++ Nimmersatt: Zahlreiche Raupen verschiedener Arten laben sich an frischem Grün und futtern sich Reserven an. Bald verpuppen sie sich. +++ Nachmacher: Junge Räuber wie Dachse, Füchse, Waschbären und Co. trainieren nach elterlichem Vorbild die Jagd. +++ Immobiliensuche: Manche Jungkönigin vom Volk der Hummeln startet die Fahndung nach einem Winternest. +++ Fröhliches Treiben: Rehe brunften im heißen Sommer. Vor dem Akt verfolgen die verliebten Böcke ihre Ricken stunden-, manchmal tagelang und hetzen sie keuchend über Felder und durch Wälder.

+++

GERUCHSQUELLE

Warum duftet Sommerregen?

Es ist ein Phänomen, dem man buchstäblich auf den Grund gehen muss: Denn Regen riecht nicht, Wasser ist geruchlos. Doch wenn nach heißen, trockenen Sommerwochen der erste Schauer prasselt, duftet die Luft trotzdem aromatisch.

Petrichor heißt dieses »Eau de Parfum« der Natur. Ein Name, der aus dem Griechischen stammt und sich zusammensetzt aus den Begriffen *petros* für »Stein« und *ichor* für »Flüssigkeit, die in den Adern der Götter fließt«. Die Duftnote: erdig, markant, mit einem Hauch von Moder.

Es sind ätherische Öle – Pflanzenausdünstungen –, die da durch die Luft wirbeln, zusammen mit ein wenig Mineralienstaub, frischem Ozon und einem Stoff namens Geosmin. Diesen bilden Bakterien bei Feuchtigkeit in der Erde. Meist werden sie sogar schon aktiv, bevor es schauert, da die Luftfeuchtigkeit zunimmt. Ist das Wetter trocken, lässt sich Geosmin nicht erschnuppern. Erst Regen löst den Geruch aus dem Boden.

Prallen nun also Tropfen mit Wucht auf den ausgedörrten Grund, schließen sie Luftbläschen ein, in denen die Aromateilchen stecken. Wie in einem Champagnerglas bitzeln die Bläschen nach oben, platzen aus den Regentropfen und schleudern das Boden-Bouquet in die Luft. Es gilt: Je trockener die Erde, desto mehr »Aroma« hat sich gebildet, desto stärker ist der Geruch. Bei heftigen Niederschlägen jedoch wird weniger Petrichor verströmt: Die Tropfen schlagen so schnell auf, dass kaum Zeit bleibt, »Aromabläschen« zu bilden.

REIBUNGSVERLUSTE

Woher kommt der Sand am Strand?

Ans Meer oder in die Berge? Immer dieselbe Ferienfrage – dabei fordert sie keinerlei Entscheidung, eigentlich. Denn wo immer wir das Handtuch werfen: Der Ausflug an den Strand ist oft sowieso ein Urlaub im Gebirge. Und zwar vom Feinsten! Schließlich lungern wir auf bergeweise 0,063 bis zwei Millimeter winzigen Sandkörnchen. Und diese sind nichts anderes als über Jahrmillionen entstandene Reibungsverluste von Felsen, etwa aus den Bergen.

Hitze und Kälte machen das Gestein dort bröselig wie Mürbeteig und lassen es brechen. Wind schmirgelt die Felsen mit Staub. Gefrierendes Wasser sorgt für Spannung im Stein, es sprengt ihn. Dann prasselt der Regen und spült all die feinen mineralischen Partikel aus den Brocken heraus, transportfähig für Gletscher und die Bäche der Berge. Flüsse tragen die Körnchen ins Meer hinaus, bis der Sand am Landrand strandet.

Dort schieben Ebbe, Flut, Wind, Wirbel, Wellen das steinerne »Treibgut« Korn um Korn zu Bänken auf, vor allem in flachen Uferzonen: Der Strand an unseren Küsten wächst, der Sand in der Brandung reibt aneinander, immer runder werden die Körnchen. Bei den Bröseln an Nord- und Ostsee handelt es sich übrigens hauptsächlich um Quarzgestein. Darin eingeschlossene Mineralien färben den Strand gelblich.

Stellenweise liegen auf diesem auch Kiesel obenauf, denn: Bei kleinen Erschütterungen werden die größeren Steine angehoben, Sandkörnchen rieseln zwischen die Kiesel im Boden und drücken diese allmählich nach oben. Das ist nicht gerade barfußfreundlich. Aber Gebirge ist eben nicht eben.

DIE ENTDECKUNG DER LANGSAMKEIT

Eseltrekking

Seit mehr als 6000 Jahren schleppen Esel die Lasten der Menschheit – und einen echt miesen Ruf mit sich herum. Stur sollen sie sein, bockig, störrisch und dumm noch dazu.

Richtig ist: Esel haben ihren eigenen Kopf und lassen sich weder schnell aus der Fassung noch um den Verstand bringen. Während sich die meisten Pferde auf den Befehl ihres Reiters hin selbst den steilsten Abhang hinunterjagen lassen würden, machen Esel halt, wenn ihnen der Weg zu gefährlich erscheint. Dann bleiben sie mit allen vier Hufen fest auf dem Boden der Tatsachen und bewegen ihre durchschnittlich 200 Kilogramm Körpergewicht keinen Millimeter nach vorn. Wer mit einem Esel durch die Natur tourt, kann genau das erleben.

Vielerorts in Deutschland bieten Eselbauern Wanderungen mit ihren Tieren an, ob in der Vulkaneifel, im Pfälzerwald, dem Harz, am Edersee, am Niederrhein oder im Hamburger Umland. Die Entdeckung der Langsamkeit, sie gelingt mit einem Esel an der Leine.

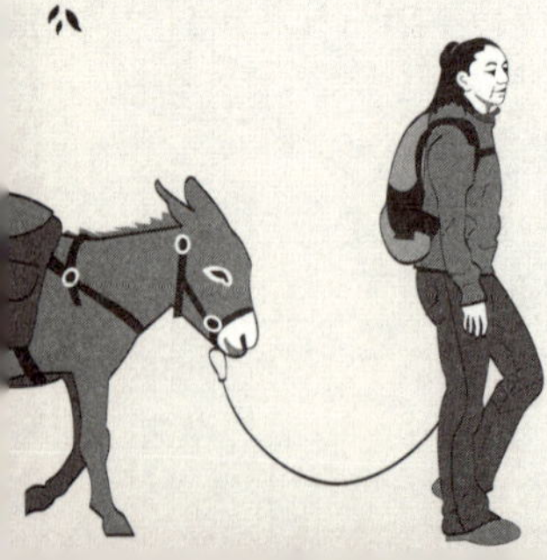

Die Huftiere lassen sich nicht hetzen und drängen. Wahre Führungsqualität beweist, wer die Esel die Schrittgeschwindigkeit kontrollicren lässt und selbst ein paar Gänge runterschaltet. Bald wird aus dem Laufen ein Schlendern, die Gelassenheit der (meist) Ergrauten überträgt sich auf den Weggefährten mit den Zügeln in der Hand: Trekking im Zeitlupentempo wirkt so entschleunigend wie eine Yoga-Stunde beim großen Guru.

Dabei ist es nicht Trägheit, die die Esel so gemächlich traben lässt. Und auch Faulheit kann man ihnen nicht vorwerfen: Den Kölner Dom etwa hätte es ohne die Schlepper wohl nicht gegeben. Überhaupt waren Esel auf sämtlichen historischen Großbaustellen unersetzlich, von den Pyramiden Ägyptens bis zum Kolosseum in Rom. Ausdauernd, genügsam und geduldig trugen sie die Lasten von I nach A – und zogen für die Bauherren so manchen Karren aus dem Dreck.

Auf dem Bau arbeiten, das müssen sie wenigstens in Deutschland nicht mehr. Während Schnupper- und Tageswanderungen und erst recht auf mehrtägigen Trekkingtouren durchs Land werden sie ihrem Ruf als Lastenträger dennoch gerecht: Sie erleichtern die Wanderer um ihr Gepäck und schleppen deren Rucksäcke und Taschen huckepack.

Dass sie dabei Schritt um Tritt so sorgsam setzen, liegt in ihren Genen: Unsere Hausesel stammen von den Afrikanischen Wildeseln ab. Deren Vorsicht war im unwegsamen Gelände der Wüsten Nordafrikas und auf der arabischen Halbinsel einst überlebensnotwendig.

Und so prüfen die Wanderesel für die Eselwanderer noch immer den Untergrund, die Pfütze, die Steine und den Matsch auf dem Weg, auch wenn uns die deutsche Wildnis vielleicht nicht ganz so unwirtlich erscheinen mag wie manch wüste Gegend in der Ferne. Doch ein buchstäblich guter Auftritt ist Eseln eben wichtig.

AUGUST

* Monatsstatistik *

NAME:
Der Erntemonat August verdankt seinen Namen dem römischen Kaisers Augustus. Jener hatte in diesem Monat vor laaanger Zeit sein erstes Konsulat angetreten.

TAGE:
31. Nur in Schaltjahren beginnen August und Februar mit demselben Wochentag.

MITTLERES TEMPERATURMAXIMUM: 21,6 °C

MITTLERES TEMPERATURMINIMUM: 12,1 °C

REGEN-/SCHNEETAGE > 1MM: 10

SONNENSTUNDEN PRO TAG: 6,7

BESONDERHEIT:
Es ist die Zeit der Hundstage – so werden die meist heißen Wochen vom 23. Juli bis zum 23. August bezeichnet. Diese kamen in früher römischer Zeit zu ihrem Namen, weil in dieser Spanne nach und nach das Sternbild »Großer Hund« am Himmel zu sehen war. Heutzutage erscheint es erst vier Wochen später am Firmament; der tierische Name blieb dennoch bestehen.

BAUERNREGELPOESIE:
»Hundstage hell und klar deuten auf ein gutes Jahr. Werden Regen sie bereiten, kommen nicht die besten Zeiten.«

TIER DES MONATS AUGUST

DAS MAUSOHR

Flatterhaft:

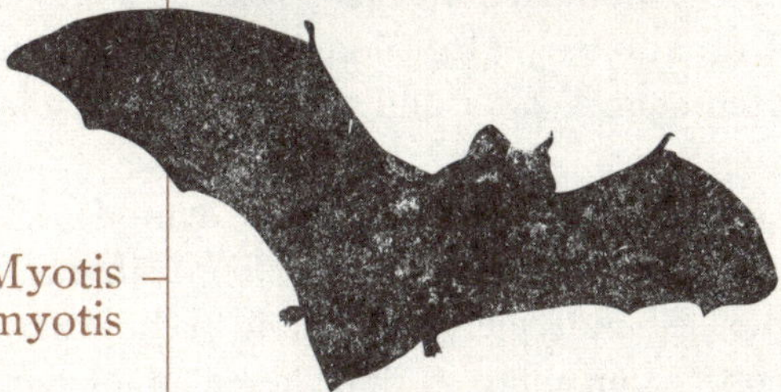

Myotis myotis

IN KÜRZE

ABMESSUNG: von vorn bis hinten: sieben, acht Zentimeter. Von links nach rechts, bei aufgespannten Flügeln: bis zu 40 Zentimeter. Die sechs Gramm Geburtsgewicht steigern sie im Laufe ihres Erwachsenendaseins im Schnitt auf gut 30 Gramm.

ZUHAUSE: nächtens zwischen (Laub-) Baumkronen unterwegs oder als Tiefflieger über dem Boden. Zum Schlafen genießen Mausohren an Sommertagen häufig Kirchenasyl in Dachstühlen.

IM AUGUST: voll am Schwärmen, zur Jagd, zur Paarung, auf der Suche nach frostsicheren Winterquartieren.

Unerhört! Das sind die Peilrufe der Fledermäuse in den Augustnächten. Wenigstens von uns Menschen. Die fliegenden Säuger hingegen orten ihre Opfer damit sehr präzise: Sie senden Ultraschallsignale aus, die von Beute und Hindernissen zurückgeworfen werden. Eine finstere Jagdmethode, doch sie funktioniert. Gegen die hierzulande mehr als 20 Batman-Arten haben Falter und auch Laufkäfer keine Chance.

Eine jede achtet dabei auf ihren Ruf, denn der ist charakteristisch für die unterschiedlichen Arten: Während Hufeisennasen fiepen, Abendsegler piepen und »schnalzen«, orientieren sich Große Mausohren – die größten unter den heimischen »Vampiren« – im Schwarz der Nacht mit einem langsamen Tickern. Ultraschalldetektoren machen diese Rufe auch für Menschenohren hörbar, etwa während der »Batnight«-Exkursionen Ende des Monats, die unter anderem der Deutsche Naturschutzbund (NABU) im ganzen Land anbietet.

Es ist ein optimaler Zeitpunkt, um bei Mausohren und ihren Artverwandten einmal nachzuhorchen, denn im August ist der Luftraum hochfrequentiert. Nun starten auch die im Juni geborenen Jungtiere ihre Jagdausflüge, und haben sie erst einmal Blut geleckt, fressen sich die Nachwuchs-Nachtschwärmer durch das gesamte »Flying Buffet« der Saison. Leckere Laufkäfer, die durchs Unterholz rascheln, sammeln die Mausohren nebenbei am Boden ein.

Gut so, denn auch die Fledertiere brauchen für die nahende Kälteperiode Fettreserven unterm Pelz. Im bisweilen mehr als 200 Kilometer entfernten Winterquartier (das sind gern feuchte Stollen, Keller und Höhlen) lassen sich die Mausohren etwa ab Oktober hängen und regeln ihre Herzensangelegenheiten: Statt 600-mal pocht es in ihrer Brust dann nur noch 20-mal pro Minute. So verharren und erstarren sie still und steif bald ein halbes Jahr lang. Doch sicher ist: Ab Frühling fliegen sie wieder. Batman returns.

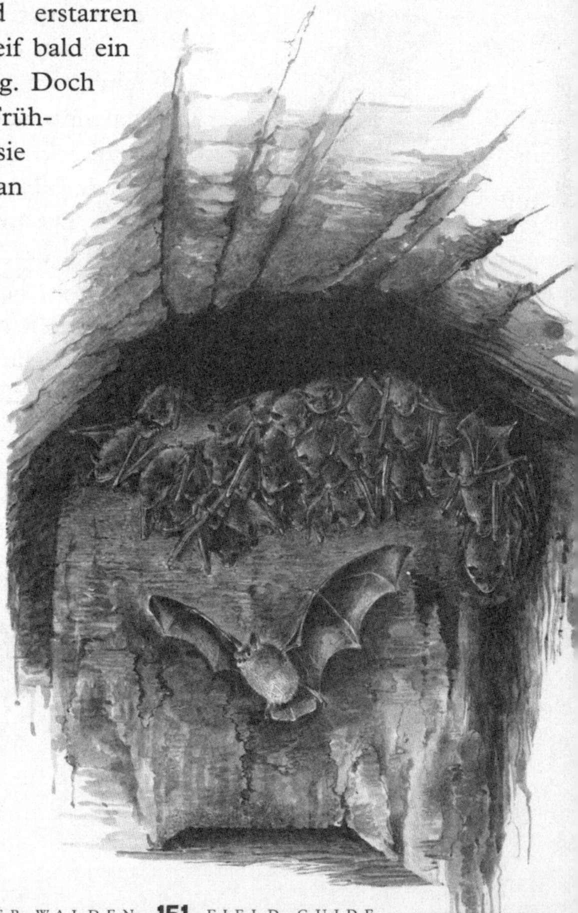

Das Line-up im AUGUST

Der **Feldhamster** ist momentan ein wenig aufgewühlt. Im Erntemonat August hat er schließlich alle Pfoten voll zu tun: Mit Körnern, Klee, Kartoffeln, Mais stopft er in den Abend- und Nachtstunden seine Vorratskammern für den Winter voll. Manch ein Wühler lagert vier, fünf Kilo unter Tage ein, bevor er sich für viele Wochen vom Acker macht.

Zeit, Federn zu lassen: Vögel starten ihre Generalüberholung, **Mauser** genannt. Nach und nach werfen sie die »Gebrauchtfedern« ab, neue wachsen nach. Die Brandgans ist darum gerade flugunfähig und zieht sich vorerst in eine fressfeindfreie Zone, das südliche Dithmarscher Watt, zurück.

O'zapft is! Wer seinen Snack fürs Gepäck vergessen hat, sammelt die Zapfen der **Waldkiefer** und legt sie neben das Lagerfeuer. Dank der Wärme öffnen sich die Schuppen. Die Samen lassen sich dann ganz leicht herausklopfen und knabbern.

In diesem Monat endet die Konzertsaison der **Feldgrillen**. Nur wenige Male noch spielen die Violinisten in den Blumenwiesen auf, indem sie ihre Vorderflügel schräg gegeneinanderreiben. Trotz ihres leicht eingeschränkten Repertoires »Zri-zri-zri« sollen die Teufelsgeiger in der Damenwelt äußerst erfolgreich sein.

Wir sehen schwarz: Die **Brombeeren** reifen. Darin steckt so ziemlich das gesamte Vitamin-ABC und ein Haufen Mineralstoffe noch dazu. Wen kratzt es da schon, dass Brombeeren als Rosengewächse Stacheln tragen …

Es ist nicht unbedingt Fleischeslust, die den derzeit so unschuldig weiß blühenden **Sonnentau** zum Karnivor im Moor macht. Vielmehr flachwurzelt er in nährsalzarmen Torfböden und braucht Fliegen als Nahrungsergänzungsmittel. Diese lockt er mit seinen glitzernden »Tautröpfchen« an, einer Art Klebstoff auf den Drüsenhaaren der Blätter. Naschen die Insekten daran, erliegen sie der Haftkraft der Pflanze. Ende ihrer Lebensgeschichte.

Da kommt ja einiges angeschleimt: Die Jungen der **Schwarzmündigen Bänderschnecken** schlüpfen sommers, 30 bis 60 Geschwister auf einen Schlag. Immerhin gibt es keinen Streit um das schönste Kinderzimmer: Jedes Schneckchen trägt sein rund gewundenes Eigenheim schon auf dem Rücken.

Romantik hin, Romantik her, wir bringen es mal ohne Umschweife auf den Punkt: **Sternschnuppen** sind Dreckschleudern aus Gestein, Eis und Staub. Mit bis zu 250 000 Kilometer pro Stunde dringen sie in die Atmosphäre ein; das Gas bremst sie ab. Dabei entstehen Reibung und Hitze – es glüht. Die »himmlischen Einfälle« sehen wir gerade häufig, weil die Erde die Bahn des Kometen Swift-Tuttle kreuzt, der eine Mega-Staubspur hinter sich herzieht. Highlight ist der 12. August: Am Morgenhimmel im Osten sind oft weit über 100 Schnuppen pro Stunde vorhergesagt.

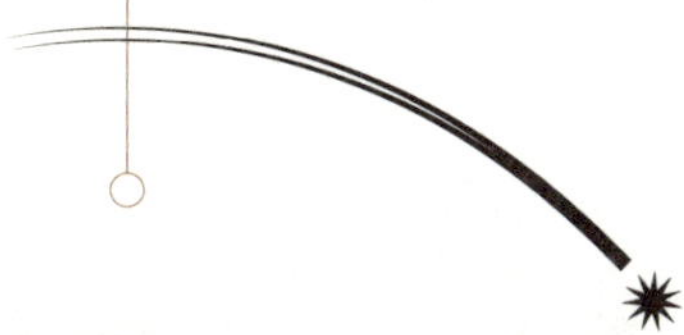

Die Lüneburger Heide leuchtet lila, und im blühenden **Heidekraut** ziehen schmucke Schnucken umher. Dabei zerreißen die Schafe mit ihren Beinen Spinnweben, die die Krabbler sorgfältig zwischen die Sträucher gespannt haben. Gut für die Bienen, die so gefahrlos Nektar naschen können.

Mit der Nächstenliebe haben es **Europäische Gottesanbeterinnen** nicht so. Nach dem Liebesakt vertilgen die schrecklichen Damen gelegentlich ihre Sexualpartner – um nach der Vesper ihre Arme zu falten, als wollten sie um Vergebung bitten. Vor allem in Südbaden hangelt sich ab sofort eine neue Generation der Fangschrecken von Halm zu Halm.

Ein Ende mit Schrecken! Kurz vor seinem Abflug ins tropische Afrika veranstaltet der **Neuntöter** noch manch sommerliches Grillenfest: Erbeutet der Heckenbrüter dabei mehr, als er auf einmal vertilgen kann, spießt er die Heuschrecken, aber auch größere Käfer und Mäuse, auf Dornen und Stacheln – als Reserve, wenn beispielsweise an Regentagen der kleine Hunger kommt.

Sicher, ein Elch in Deutschland kommt einem schwedisch vor. Seit langem schon sind die Tiere bei uns ausgestorben. Tatsächlich wagen einzelne **Elche** aber immer wieder den Grenzübertritt – und wandern aus Osteuropa ein, etwa nach Brandenburg. Bei einer Begegnung bitte Abstand halten. Das Geweih der Herren ist auch aus der Ferne gut zu bewundern, vor allem jetzt: Gegen Ende des Monats ist das Gestänge ausgewachsen – rechtzeitig zur Brunft.

Im Jahr 1958 suppte an 330 Tagen Nebel ums Gipfelplateau des Harzer Brocken – Deutschlandrekord! Es regnet und windet oft, früh im Jahr fällt Schnee. Ein prima Klima für Hochgebirgspflanzen: An die 1800 Arten aus den Alpen und Anden, dem Himalaya und den Pyrenäen wachsen im Brockengarten auf der Kuppe, in gut 1141 Meter Höhe. Mittendrin: das einzig auf diesem Berg heimische **Brockenhabichtskraut**, das jetzt noch grellgelb blüht. Zweimal täglich führen Brockengärtner werktags durch das florale Multikulti.

Treten **Sandregenpfeifer** auf der Stelle, haben sie Hunger. Das Fußtrillern dient dazu, Würmer, Schnecken und Insekten aus dem Boden zu locken – um sie dann mit einem Kopfnicken aufzupicken. Das ist derzeit massenweise zu beobachten: Mehr als 20 000 Exemplare aus den nördlichen Brutgebieten gastieren im Wattenmeer.

NATUR-TICKER:

+++ In vollen Zügen: Die ersten Vögel brechen gen Süden auf, etwa Mauersegler, Pirol, Kuckuck, Ziegenmelker, Wendehals. +++ Ähre, wem Ähre gebührt: Bauern holen das Getreide ein, auf den stoppeligen Feldern picken Ringeltauben nach Körnern. +++ Gut eingefädelt! Wespenspinnen paaren sich bis Anfang August, Weibchen legen ihre Eier in Kokons. +++ Bitte einbläuen: Endlich reifen auch die Früchte des Schwarzen Holunders. +++ Vater, Mutter, Kind: Greifvögel wie Mäusebussarde und Rotmilane wagen so manchen Familienausflug. +++ Bitter nötig! Ende August startet die Hopfenernte. +++ Weil's so schön war: Hier und da ranzt der Dachs gern noch ein zweites Mal. +++ Welch ein Aufriss! Die Sporenkapseln auf der Unterseite der Farnwedel platzen und schleudern die reifen Sporen durch die Luft. +++

RÜCKRUF ERBETEN

Wie entsteht ein Echo?

Jodelten wir diesen Text gegen eine Felswand in den Alpen, er flöge uns wieder um die Ohren … die Ohren … die Ohren. Als Echo … Echo … Echo … Denn Schall besteht aus Wellen. Und jeder Ruf, jeder laute Ton sorgt für Bewegung: Luftteilchen beginnen zu schwingen, rempeln ihre Nachbarn an, die wiederum ihre Nachbarn anrempeln, die ihre Nachbarn anrempeln. Nach allen Seiten breiten sich die Schwingungen aus. Bis die Wellen auf ein Hindernis stoßen, eben die nackte Felswand.

Mit einer Geschwindigkeit von rund 340 Meter pro Sekunde donnern sie auf das Gestein, das den akustischen Angriff einfach an sich abprallen lässt. Der Berg ruft zurück und schleudert uns den Schall entgegen. So weit, so physikalisch. Doch hinter dem Phänomen steckt noch viel mehr, etwa eine altgriechische Seifenoper mit viel Lug und noch mehr Trug. Handelnde Personen: die Bergnymphe Echo, Gott Zeus, seine Göttergattin und als Komparsen im Off seine Geliebten.

Echo jedenfalls soll Zeus' Gemahlin einst mit einem Haufen Getratsche so gut abgelenkt haben, dass der Gott der Götter in aller Ruhe seine Damenbekanntschaften intensivieren konnte. Doch das falsche Spiel flog auf; die Betrogene beraubte Echo ihrer Sprache. Fortan konnte die Nymphe einzig die letzten an sie gerichteten Worte wiederholen.

Auch wir hören im Gebirge manchmal nur die letzten Fetzen unserer Rufe. Schuld daran ist dann der »hohe Schallwellengang«: Lange Rufbotschaften haben wir oft noch nicht beendet, wenn die ersten Worte schon wieder zurückrauschen. Je näher die Felswand, desto fixer das Echo.

WEITBLICK

Wie weit ist es bis zum Horizont?

Die Antwort: fünf Kilometer, so Pi mal Daumen. Dabei haben hochgewachsene Zeitgenossen mehr Weitblick als niedriggewachsene. Denn die Entfernung zu jener Grenzlinie zwischen Himmel und (sichtbarer) Erde, die wir Horizont nennen, hängt unter anderem von der Augenhöhe ab.

Ein warnender Einwurf: Alle, die Pythagoras und seinen berühmten Satz $a^2 + b^2 = c^2$ in traumatischer Erinnerung haben, lesen nach diesem Passus nicht weiter. Denn für die persönliche Horizonterweiterung müssen wir auf das Gedankengut des altgriechischen Philosophen zurückgreifen.

Denken wir uns also ein Dreieck, dessen eine Seite vom Auge des Betrachters zum Horizont führt. Die zweite Seite zieht sich vom Horizont zum Erdmittelpunkt. Das entspricht dem Erdradius, seine Länge beträgt im Durchschnitt rund 6371 Kilometer. Die dritte Linie wiederum verbindet den Erdmittelpunkt mit dem Auge des Betrachters. Das macht 6371 Kilometer plus die Körpergröße. Nun hat die Gleichung nur

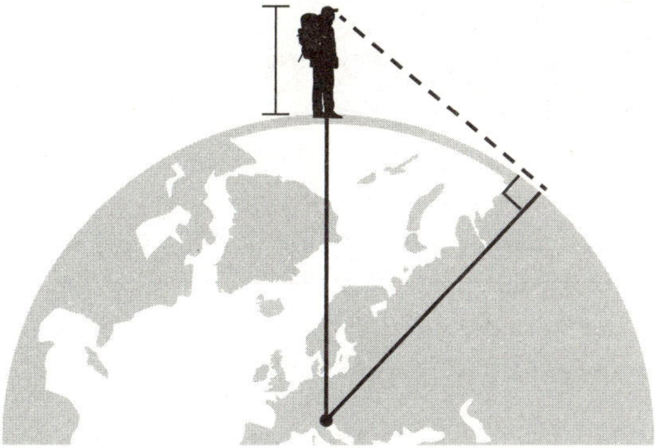

noch eine Unbekannte, die man mit ein wenig Hin- und Herschubserei errechnen kann. Dabei kommen die erwähnten rund fünf Kilometer heraus. Q.e.d.

Selbstverständlich müssen wir uns ab und an mit einem beschränkten Horizont arrangieren: etwa, wenn Nebel, Dunst oder Staub die Sicht trüben – oder auch Berge oder Häuser sie verstellen. Ferner erscheint die himmlische Trennlinie durch Lichtbrechung in der Lufthülle bisweilen weiter entfernt.

Ganz exakt lässt sich der Abstand zum Horizont sowieso kaum ermitteln. Genaue Messungen zeigen: Die Erde ist in Wirklichkeit längst nicht so perfekt gerundet, wie uns die Globen glauben lassen. Der Radius variiert, denn unser Planet gleicht einer stellenweise eingedellten Kartoffel.

VON OBEN HERAB
Baumkronenpfade

Für Wipfelstürmer ist es die Krönung: dem Wald aufs Dach zu steigen, hinauf ins oberste Stockwerk. Kein Klettergurt, kein Seil, kein Helm ist dafür notwendig, und auch normales Schuhwerk reicht völlig aus für einen Spaziergang durchs Obergeschoss.

Ein Drittel der Landesfläche in Deutschland ist von Wald bedeckt. 90 Baumarten wachsen bei uns, und in den sommergrünen Buchenmischwäldern tummeln sich über 6700 verschiedene Tierarten. Viele davon im Keller (der Wurzelschicht), im Erdgeschoss (dem Boden) und im ersten und zweiten Stock (der Kraut- und Strauchschicht). Dort lassen sie sich auch bei einem normalen Waldspaziergang beobachten, genau wie all die Pflanzen und Pilze, die dort wuchern.

Zahlreiche Vögel jedoch, aber auch Säugetiere wie Fledermäuse und Marder, bewohnen das Oberstübchen der Wälder – die Baumschicht – oder fliegen und jagen zwischen den Astgabeln umher. Für einen Durchschnittsdeutschen der Größe 1,75 Meter sind die Tiere vom Boden aus selbst bei 100 Prozent Sehfähigkeit kaum zu entdecken. Schließlich wachsen

unsere Bäume gern 40, 50 Meter in den Himmel.

Also: auf nach oben! Mehr als ein Dutzend Höhenwege führen in Deutschland durchs Dickicht der Baumkronen und gewähren Natur-Voyeuren manch intimen Einblick, beispielsweise ins Wohnzimmer eines Buntspechts. Kleiber und Eichhörnchen zeigen sich beim Freeclimbing am Stamm, Käfer krabbeln am Baum auf und ab, während Bienen aus Baumhöhlen schwirren. Zwischen Blättern und Zweigen tanzen Schmetterlinge, und je nach Jahreszeit krakeelen Jungvögel im Nest nach Futter von Mutter.

Die Kronenwege sind unterschiedlich hoch und lang. 1300 Meter zum Beispiel führt der Wipfelpfad bei Neuschönau im Nationalpark Bayerischer Wald durchs Geäst. Auf der Insel Rügen schraubt sich der Weg in einem Turm 40 Meter in die Höhe, während Besucher am Hoherodskopf im Vogelsbergkreis über Hängebrücken spazieren, bis zu 15 Meter über dem Boden. Auch am Edersee, im Hainich, Harz und Pfälzerwald, im Allgäu und im Schwarzwald, bei Bottrop und in Beelitz-Heilstätten in Brandenburg geht es hoch her im Dachgeschoss der Wälder. Der Blick von oben herab lohnt überall.

Mancherorts laden Ranger sogar zu geführten Extratouren nach Einbruch der Dunkelheit ein, etwa zu

Vollmond. Im Anthrazit der Nacht lässt sich der Wald zwar nur noch schemenhaft erkennen, dafür aber umso besser hören – schließlich werden zahlreiche seiner Bewohner erst nach Sonnenuntergang aktiv. Dazu reißt der Wind an den Ästen, Bäume knarzen, Blätter zittern und rascheln. Hier und da huscht ein Schatten vorbei, bloß einen Flügelschlag entfernt. Stille Nacht? Von wegen! Nicht im August, nicht im Wald, nicht in den Baumkronen.

SEPTEMBER

* Monats statistik *

NAME:
Das lateinische *septem* heißt sieben. Im römischen Kalender war der September einst der siebte Monat, nicht der neunte.

TAGE:
30. Der September beginnt mit demselben Wochentag wie der Dezember.

MITTLERES TEMPERATURMAXIMUM: 18,2 °C

MITTLERES TEMPERATURMINIMUM: 9,5 °C

REGEN-/SCHNEETAGE > 1MM: 9

SONNENSTUNDEN PRO TAG: 5,2

BESONDERHEIT:
Der Herbst, der Herbst, der Herbst ist da: Astronomisch beginnt er mit der sogenannten Tagundnachtgleiche am 22. oder 23. September. Der Name verrät: Der lichte Tag und die Nacht dauern gleich lang. Am dritten Sonntag im September ist im Übrigen »Tag des Geotops«.

BAUERNREGELPOESIE:
»Septemberwetter warm und klar,
verheißt ein gutes nächstes Jahr.«
»Donnert's im September noch, wird der
Schnee um Weihnacht hoch.«

TIER DES MONATS
SEPTEMBER

DER ROTHIRSCH

Hieb- und stichfest:

Cervus elaphus

IN KÜRZE

ABMESSUNG: bis zu 2,25 Meter lang, bei einer Schulterhöhe von maximal 1,24 Meter. Männchen äsen sich bisweilen 160 Kilogramm auf die Rippen. Die Kühe sind etwas kleiner und leichter.

ZUHAUSE: große zusammenhängende (Laub-)Wälder.

IM SEPTEMBER: brünftig, stimmgewaltig und Rivalen gegenüber äußerst kampfeslustig, sobald es um die Hirschkühe der Herzen geht.

Volles Rohr starten Rothirsche in die Brunftsaison. Vor allem im Alpenraum und im Mittelgebirge röhren und dröhnen die Männer in die Tiefe der Wälder hinein, vorzugsweise in mondhellen Nächten. Ihr »Oa-oa« schreien sie im Decrescendo: Eine Tonfolge beginnt mit dem lautesten und längsten Ruf. Zum Beispiel, wenn ihnen vor der Paarung die Konkurrenz auf vier Hufen gegenübersteht. Dann schwenken sie ihre »Stoßstangen« bedrohlich, ein erbittertes Sparring beginnt. Dabei lassen es die Hirschherren ordentlich krachen: Mit gesenkten Häuptern prallen die »Könige der Wälder« aufeinander, Geweih gegen Geweih, und bisweilen auch nicht unfallfrei. Manchem Monarchen bricht ein Zacken aus der Geweihkrone, andere lahmen im Anschluss oder tragen Stichwunden davon.

Äußerst selten endet ein solches Forkeln (von lateinisch *furca* = Gabel) sogar damit, dass die Rivalen ihren Kopfschmuck fest verhaken – zu fest. Dann stehen sie vor einem buchstäblich unlösbaren Problem: Sie verhungern, vereint im Kampf, vereint im Tod.

Im Normalfall jedoch fechten die Paarhufer bloß die Hirschhierarchie aus. Der Schwächere trollt sich, es kann nur einen geben: Der Platzhirsch regiert Feld und Damenwelt. Entfernt sich etwa eine Kuh von der Gruppe, treibt er sie zurück, gereizt, im Stechschritt und erhobenen Hauptes.

Überhaupt legt er in diesen Wochen ein etwas anstrengendes Verhalten an den Tag. Er scharrt und forkelt auf der Erde herum, als müsse er den Waldboden harken, suhlt sich ausführlich vor dem Brunftrudel und markiert sein Revier geradezu anrüchig.

Mit viel Ruhe und noch mehr Geduld lässt sich das Rotwild dabei zum Beispiel im Biosphärenreservat Vessertal in Thüringen, im Erholungswald Schönbuch bei Tübingen oder von der Wildtierbeobachtungsstation in Sankt Andreasberg im Odertal aus observieren.

Ach ja: Dass die Duelle und all das Imponiergehabe ein Jungsding sind, muss kaum erwähnt werden. Hirschkühe haben Rangkämpfe nicht nötig. In ihrem Weiber-Clan folgen sie dem Leittier freiwillig. Oft ist das eine alte Kuh, die so misstrauisch durch die Wälder zieht, dass sie Gefahr fix wittert und warnend bellt.

Das Line-up im

SEPTEMBER

Gute Masche! Zur Paarungszeit versammeln sich gleich mehrere männliche **Herbstspinnen** am Netz einer langbeinigen Schönheit. Sobald sich in deren Fäden ein Insekt verfängt, slacklinen die Herren um die Wette. Der Schnellste spinnt die Beute ein und überreicht sie der Netzbetreiberin. Eine positive Verwicklung, schließlich kann er das Weibchen nun angstfrei umgarnen, ohne selbst vernascht zu werden.

Der **Dachs** steigt! Aus seinem Bau heraus. Und wieder hinein. Heraus, hinein, heraus, hinein. Denn vorm Winter hat der Räuber einiges zu tun. Mit Würmern, Wurzeln, Beeren und Larven stopft er sich nächstens den Bauch, mit Laub, Moos und Gräsern den Bau voll. Letzteres verrottet, Öko-Energie wird frei und heizt dem Räuber in der kalten Jahreszeit ein.

Ein Anmachspruch, der jedes Jahr funktioniert: »Bu-ho! Bu-ho! Bu-ho!« Klingt dumpf, doch unter **Uhus** ist der Ruf gerade im September äußerst beliebt. Die Damen antworten begeistert: »U-hu! U-hu! U-hu!« So orten sich die mächtigsten aller Eulen zur Herbstbalz und paaren sich dann mit viel »Hohohoho« (er) und »Wiwiwiwi« (sie).

Schon mal einen Profikiller beherbergt? Ganz sicher: **Siebenpunkt-Marienkäfer** überwintern schließlich gern in Mauerritzen, Fensterrahmen, Dachsparren. An den letzten warmen Tagen des Jahres sucht oft eine ganze Armada ein gemeinsames Versteck. Winterstarr überdauern die Killer-Käfer die unfreundlichen Monate. Ihre Mission fürs Frühjahr: Tod den Blattläusen!

Verdammt, die Spargelzeit ist vorbei! Auch die Meeresspargelzeit. Genau so wird **Queller** nämlich ebenfalls genannt – jenes herzhafte Wildgemüse mit den fleischigen Stängeln, das auf Wattböden und Salzwiesen entlang der Küsten gedeiht. Immerhin: Jetzt, kurz vor ihrem Tod, schmückt sich die Salzpflanze noch mit winzigen Blüten.

Viel von der Welt sehen junge **Siebenschläfer** zunächst nicht: Dieser Tage werden sie blind geboren. Drei, vier Wochen später öffnen sie zwar ihre pechschwarzen Knopfaugen und futtern fix fette Kost wie Nüsse, Bucheckern und Eicheln. Doch dann rollen die Nager sich und ihren Babyspeck auch schon wieder zusammen: Der Winterschlaf beginnt.

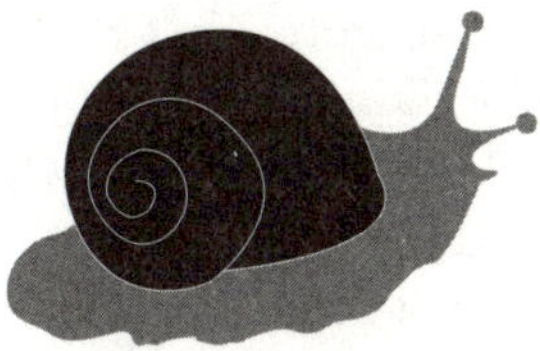

Amor? Brauchen **Weinbergschnecken** nicht allzusehr. Die Zwitter bohren sich schließlich gegenseitig Liebespfeile in die Fußsohle – als Vorspiel zum Schneckenschnackseln im Frühjahr und Sommer. Rund sechs Wochen nach diesem Akt legen sie dann bis zu 60 reife Eier in Bodenlöchern ab. Einige Nachwuchs-Schleimer kriechen jetzt bereits über die Erde, andere schlüpfen in diesem Monat.

Alle Wetter – sagt die **Silberdistel** in den Alpen vielleicht nicht voraus. Regen schon: Bei hoher Luftfeuchtigkeit nehmen die silbrigen Hüllblätter auf ihren Unterseiten mehr Wasser auf als auf ihren Oberseiten; sie biegen sich hoch und machen dicht. Wenigstens im September noch, dem letzten Blütemonat der Bergblume.

Diesen Monat leisten sich **Igel** noch so manch großen Wurf: In Hecken verstecken sie den Familienzuwachs, manchmal auch unter Ast- und Laubhaufen. Die meist vier, fünf kleinen Spießer wiegen jeweils nicht mehr als eine Rippe Schokolade, müssen jetzt im Spätsommer aber ruck, zuck zunehmen. Nur mit genügend Fett unterm Stachelkleid überleben sie die kalte Jahreszeit.

»Royal Air Force« auf Hochtouren: **Hornissen** bevölkern den Luftverkehr. Zwar bleibt die Königin im Nest, um gezielt Eier zu legen, aus denen Drohnen und Jungköniginnen schlüpfen. Die Arbeiterinnen aber schwirren aus, um dem royalen Nachwuchs Nahrung zu kredenzen. Schließlich müssen die Drohnen als Escortherren bald schon die Jungköniginnen begatten – die als Einzige die Saison überleben. Das restliche Volk stirbt mitsamt »Queen Mum« gegen Ende des Monats.

Hin und weg: Auf ihrer Tour von Nord nach Süd machen Millionen **Watvögel** Stopp an den Küsten. Im Transitbereich – Watt und Salzwiesen – speisen sie auf Reisen. Bei Hochwasser sind Knutts, Pfuhlschnepfen, Alpenstrandläufer und Co. gut zu beobachten, wenn sie sich zuhauf auf Sandbänken sammeln.

Nur die Ruhe, gegen Schlafprobleme wurzelt ein Kraut in feuchten Böden, an Uferböschungen, Gräben und im Gebüsch: **Baldrian**. Ausgrabungen am besten in diesem Monat beginnen, nach der Blüte. Die Wurzel trocknen lassen und später zu einem Schlummertrunk aufgießen.

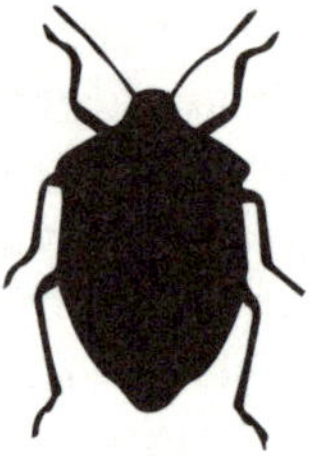

Auf Linden oder Erlen herrscht gern mal dicke Luft. Nämlich immer dann, wenn sich **Grüne Stinkwanzen** bedroht fühlen und ihre Duft-Luftwaffe absondern: ein übelriechendes Sekret. Die gerade geschlüpften Nymphen – das sind sozusagen die pubertierenden, im Wanzenwerden begriffenen Tiere – klettern nun auf Laubbäumen herum.

Kurz und knackig: Zum Schluss geht's um die **Nuss**. Denn gegen Ende September werfen Haselsträucher und Walnussbäume ihre Früchte ab. Diese sind mit jeweils gut 60 Prozent Fett pro 100 Gramm 1-a-Energielieferanten für kernige Typen in der Wildnis.

NATUR-TICKER:

+++ Ob Eiche, Buche, Eberesche: Zahlreiche Bäume tragen Früchte. +++ Bauchschmerzen? Entzündungen? Noch lassen sich Kamillenblüten ernten. +++ Finale! Heuschrecken schrummen und zirpen im hohen Gras. +++ Neu eingekleidet: Frisch befiedert beenden Fasane die Mauser. +++ Hütchenspiel: Jetzt bricht die Hauptsaison für Pilzsammler an. In vielen Natur- und Nationalparks gibt es geführte Pilzwanderungen, etwa im Hainich. +++ Wohlsein! 13 Weinbaugebiete haben wir in Deutschland, dort startet nun die Hauptlese; federweißergestützte Spaziertouren sind ein Muss. +++ Und abwärts! Ab Mitte des Monats, je nach Wetterlage, treiben Bauern in Bayern und im Allgäu ihre Kühe von den Bergweiden hinab ins Tal.

+++

HOCHRECHNUNG

Wie groß können Berge werden?

Ob Berg, Wolkenkratzer oder Politiker: Ohne Unterstützung an der Basis wächst keiner hoch hinaus. Und genau das ist der Grund, aus dem Berge auf der Erde bei rund 9000 Metern über dem Meeresspiegel an ihr Höhenlimit geraten. Denn das Fundament, die durchschnittlich 35 Kilometer dicke Erdkruste, würde größere und schwerere Brocken vermutlich nicht ertragen.

Eine kleine Hochrechnung: Nur mal angenommen, wir könnten Berge versetzen und verfrachteten den rund 25 Kilometer hohen Olympus Mons vom Mars in die Alpen. Dieser würde wohl tief sinken, denn aufgrund der deutlich größeren Anziehungskraft unseres Planeten und seines Eigengewichts krachte er durch die Erdkruste und rutschte in den Erdmantel. Die Hitze darin brächte ihn »untenrum« gar zum Schmelzen.

Zudem sind sämtliche auf der Erde entstandenen Berge instabiler, als sie aussehen. Denn durch die Wucht des Zusammenpralls zweier Kontinentalplatten faltet sich ein Berg nicht nur auf, er reißt, springt, zerfurcht zugleich, ein paar Brocken brechen auch mal ab. Nicht zuletzt erodieren Wind, Regen und Schnee die Berghänge über Jahrmillionen hinweg – und begrenzen so das Höhenwachstum von Gebirgen.

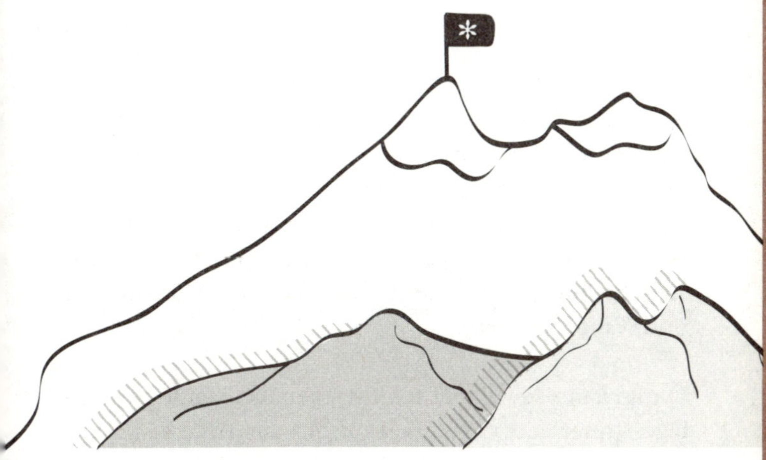

QUARTETTSPIEL

Wieso gibt es Jahreszeiten?

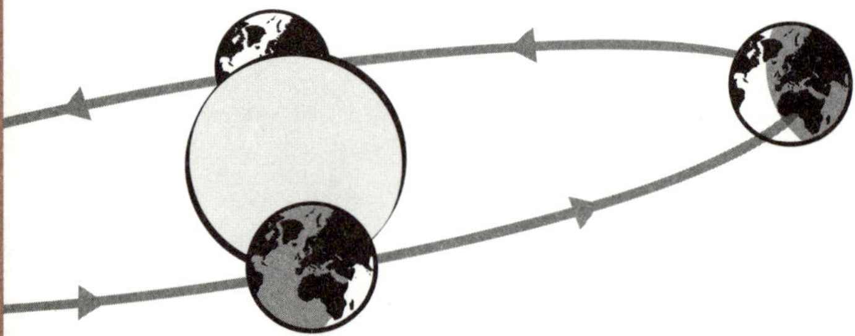

Wenn die fantastischen Vier auftreten, ist immer was los: Frühling, Sommer, Herbst und Winter, jede Jahreszeit liefert ihre eigene Performance. Und jede hat ihren eigenen Reiz, ihren Charme. Bloß – warum gibt es dieses Quartettspiel überhaupt? Warum wechseln sich Frühlingssonne und Sommerhitze, Herbstnebel und Winterfrost ab?

Daran ist unser Planet schuld – genauer: seine Schräglage. Innerhalb eines Tages dreht sich die Erde einmal um ihre eigene Achse. So »entstehen« der lichte Tag und die dunkle Nacht. Zudem aber rauscht die Kugel bekanntermaßen innerhalb von 365 Tagen um die Sonne, ihre Längsachse steht dabei um 23 Grad schräg. Eine Neigung, die sie einfach nicht loswird, sondern während ihres kompletten Laufs um den Stern der Sterne beibehält.

Und so richtet sich – je nach Position der Erde im Jahresverlauf – mal die nördliche, mal die südliche Halbkugel Richtung Sonne und wird entsprechend beschienen. Je steiler die Sonnenstrahlen auf eine Hemisphäre treffen, desto heißer wird es dort und desto länger dauern die Tage: Es herrscht Sommer. Dieser neigt sich bei uns nun sprichwörtlich seinem Ende zu; jetzt wendet sich die Südhalbkugel zur Sonne.

Im Verlauf der nächsten Wochen lässt darum auch das Wachstum der Bäume nach. Denn im Winter reicht die Sonnenenergie für die Bildung von Blüten und Blättern nicht aus. Und sind erst die letzten Bucheckern, Eicheln und Nüsse abgeworfen, hat auch der »Fruchtalarm« ein Ende.

AUF PLASTIKPIRSCH

International Coastal Cleanup Day

Müll reden wollen wir an dieser Stelle nicht, *über* Müll reden schon. Genauer: über Plastikmüll im Meer. 450 Jahre dauert es etwa, bis eine Plastikpulle verrottet. Zum Vergleich: Ein Papiertaschentuch zerfällt in den Ozeanen der Erde in rund zwei Wochen.

Allein in der Nordsee landen Jahr für Jahr schätzungsweise 20 000 Tonnen Tüten, Flaschen und Verpackungen aus Kunststoff. Wellen und Wind zermahlen den Dreck zu immer kleineren Bröseln. Vor allem Seevögel futtern die künstliche Kost – bis nichts mehr in den Magen passt. Zahlreiche Tiere verhungern mit vollem Bauch. Ein guter Grund für Jäger und Sammler, auf Plastikpirsch zu gehen und den Strandgut-Sondermüll aufzulesen.

Immer am dritten Samstag im September ruft die US-Umweltorganisation »Ocean Conservancy« zum »International Coastal Cleanup Day« auf. Hierzulande beteiligt sich unter anderem der Deutsche Naturschutzbund (NABU) mit Aktionen zum Großreinemachen der Küsten. Klar, ein dreckiger Job. Aber irgendwer muss ihn ja machen. Am besten wir alle.

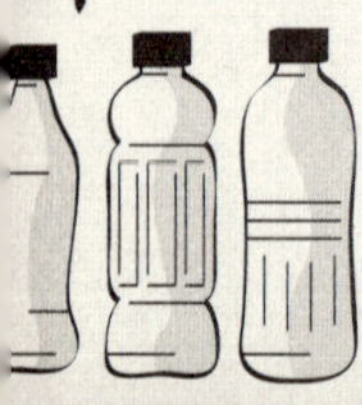

OKTOBER

* Monatsstatistik *

NAME:
Oktober leitet sich vom lateinischen *octo* für acht ab – der Monat stand bei den alten Römern einst nicht an zehnter, sondern an achter Stelle im Kalender.

TAGE:
31. Mit Ausnahme der Schaltjahre startet der Oktober mit demselben Wochentag wie der Januar.

MITTLERES TEMPERATURMAXIMUM: 13,2 °C

MITTLERES TEMPERATURMINIMUM: 5,9 °C

REGEN-/SCHNEETAGE > 1MM: 9

SONNENSTUNDEN PRO TAG: 3,7

BESONDERHEIT:
Am letzten Sonntag im Oktober darf eine Stunde länger geschlafen werden; die Uhr wird von Sommer- auf Normalzeit gestellt. Damit ist der Oktober hierzulande der längste Monat des Jahres. Und: Der 4. Oktober ist »Welttierschutztag«.

BAUERNREGELPOESIE:
»Oktober rau, Januar flau.«
»Im Oktober Nebel viel, bringt
der Winter Flockenspiel.«
»Bringt Oktober Frost und Wind,
wird der Januar gelind.«

TIER DES MONATS OKTOBER

Verhuscht:

DAS EICHHÖRNCHEN

Sciurus vulgaris

IN KÜRZE

ABMESSUNG: bis zu 25 Zentimeter lang. Addiert man das Anhängsel, den buschigen Schwanz, kommen 15 bis 20 Zentimeter Eichhörnchen dazu. Die Nager wiegen 200 bis 400 Gramm.

ZUHAUSE: In Wäldern, Parks und Gärten bouldern Eichhörnchen die Stämme hoch und runter.

IM OKTOBER: vollzeitbeschäftigt, geradezu hyperaktiv. Vor der Winter-Siesta müssen Eichhörnchen Vorräte im Boden einlochen.

Eichhörnchen führen zu jeder Jahreszeit ein eher sprunghaftes Dasein. Am Boden machen die Nager Sätze von 30, 50, manchmal gar 90 Zentimeter Länge. Wollen sie hoch hinaus, krallen sich die Langfinger mit ihren beweglichen Greifzehen an der Baumrinde fest und zischen nach oben, der Krone entgegen. Oder kopfüber wieder hinab.

Viel Zeit für eine ausgedehnte Ast-Rast bleibt den Baum-Boulderern im Oktober ohnehin nicht: Der Winter naht. Zwar setzen Eichhörnchen auf eine ausgewogene Ernährung, schieben sich außer Früchten und Samen auch gern mal Pilze, Knospen, Würmer, Schnecken, ein paar Stücke Rinde oder ein Vogelei zwischen die 22 Zähne. Doch im Herbst brauchen sie knackfrische Kost mit ausreichend langer Mindesthaltbarkeit: Nüsse, Eicheln, Bucheckern.

Die Vorräte verstecken sie in Rindenspalten oder vergraben sie portionsweise im Boden. Treibt sie winters der Appetit aus ihrem Nest, betreiben sie buchstäblich Gehirn-Jogging und huschen von Nager-Lager zu Nager-Lager. Dank ihres guten Gedächtnisses und der feinen Nase sollen die Schnüffler ihre »Outdoor-Kühlschränke« selbst dort wiederfinden, wo sich eine bis zu 30 Zentimeter dicke Schneedecke über das Trockenfutter geschichtet hat. Einmal ausgescharrt, brauchen sie nur Sekunden, um die Nüsse aus den Schalen zu hebeln.

Ansonsten gönnen sich die hektischen Hörnchen tatsächlich bald eine kleine Auszeit und haben endlich mal die Ruhe weg – die Winterruhe. In ihrem gut isolierten Loft, dem runden Kobel in fünf bis 15 Meter Höhenlage, dösen sie dem Frühling entgegen, verpackt in ein extra dichtes Winterfell.

Das werden sie im Frühjahr wieder ablegen und sich ausnahmsweise Gesellschaft suchen, für eine kurze Liaison. Ehe sie sich mit ihren schwarzen Knopfaugen umgeguckt haben, hocken auch schon eine Handvoll junger Hüpfer im Nest.

Das Line-up im OKTOBER

Wie Enten hausen! Gerade jetzt, zur »Verlobungszeit«! Da geht es auf Seen ums Sehen und Gesehenwerden. Und weil im Kosmos der **Stockenten** Männerüberschuss herrscht, müssen die Erpel glänzen – nicht allein mit ihren metallicgrünen Prachtfedern. Also tauchen sie den Schnabel ins Wasser, reißen dann Körper und Kopf in die Höhe und pfeifen dabei den Teichschönheiten hinterher.

Grüner wird's nicht. Denn **Laubbäume** entziehen ihren Blättern den Farbstoff Chlorophyll und lagern ihn in ihren Stämmen, Ästen und Wurzeln. Und so sehen wir Rot und Gelb und Orange: Pigmente, die gleichfalls in den Blättern stecken, doch ihre Leuchtkraft erst im Herbst entfalten. Im Frühjahr und Sommer werden sie vom Chlorophyll überdeckt.

Alpenschneehühner tragen stets die Farbe der Saison: im Sommer ein zurückhaltendes Gebirgsbraun, im Winter ein strahlendes Schneeweiß. Zurzeit scharren sie in Scharen in den Alpen herum, denn für den Herbst schließen sich die Vögel in Gruppen zusammen. Zur »höheren Gesellschaft« zählen dann bis zu 300 Hühner.

Einen guten Ruf haben sie, die **Laubfrösche**. Schließlich blasen sich die Männchen zur Balz mächtig auf: Die Schallblase an ihrer Kehle ist ein hervorragender Resonanzkörper. Aber auch fern der Paarungszeit, nämlich jetzt, tönen die Froschmänner: An sonnigen Tagen krächzen sie aus Hecken und Gebüsch. Warum, weiß kein Mensch. Vielleicht sind diese Herbstrufe bloß Ausdruck tiefster Lurchzufriedenheit.

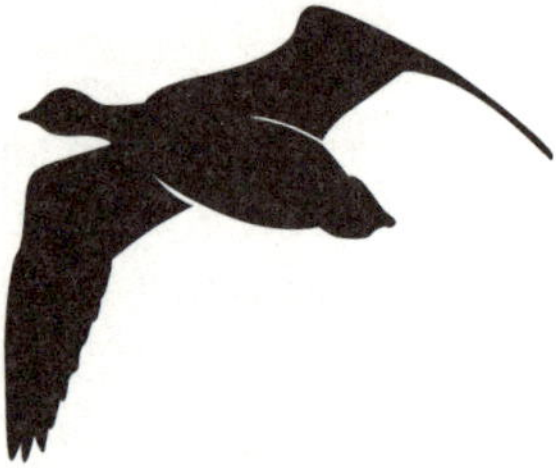

Regional, saisonal, 100 Prozent bio: So ernähren sich **Ringelgänse** zurzeit im schleswig-holsteinischen Wattenmeer, im Vorland der Küsten und auf den Halligen. Die Veganer können den Schnabel mit Grünalgen und Seegras nicht voll genug bekommen, denn nur knapp ein Drittel davon verwerten die Zugvögel. Alle drei bis vier Minuten verrichten die Gänse darum ein Geschäft im öffentlichen Watt-WC.

Schon die alten Griechen holten seinerzeit die Kastanien aus dem Feuer. Klug – denn heiße Maroni schmecken köstlich und sind dazu noch nahrhaft. In diesem Monat platzen die Früchte der **Edelkastanie** aus ihren stacheligen Schalen. Bewährte Fundorte: die Weinanbaugebiete entlang des Rheins.

Eichelhäher beschäftigen sich momentan mit der Vorratseichelspeicherung. Von früh bis spät sammeln sie Früchte. Bis zu zehn Stück stopfen sich die Singvögel während einer Flugkollekte in ihren Schlund, eine weitere Frucht passt in den Schnabel. Als Snack-Versteck dienen etwa Baumlöcher und -ritzen an Waldrändern und auf Lichtungen.

Oh, Shit! **Frühlingsmistkäfer** haben auch im Herbst haufenweise Arbeit. Paarweise graben sie eine Röhre unter Tage, in die sie einen Kotklumpen rollen. In diese nahrhafte »Bio-Praline« platziert das Weibchen ein Ei. Die Kammer verstopfen die Käfer mit Dung – Futter für die Larve. Im nächsten Frühjahr schlüpft der Käfernachwuchs und tritt in die Fußstapfen der Eltern: mitten hinein in all den Mist des Waldes.

Man muss einfach hinstarren, wenn sich die **Stare** sammeln. Tausende ballen sich zu dunklen Wolken, beinahe undurchdringlich für Fressfeinde wie den Habicht. Jetzt starten die Stars der Lüfte ihre Fernreise gen Süden – ein Anblick zum Schwärmen!

An den Ästen der Wildrosen erröten die **Hagebutten**. Vitamin-C-Depots, aus denen sich eine Menge machen lässt: Konfitüre. Likör. Tee mit Jugendherbergsaroma. Oder Juckpulver, wie früher. Für Letzteres die Nüsschen im Inneren verwenden; deren Härchen sind mit winzigen Widerhaken besetzt.

Und da ist noch was im Busch! Nämlich das einzige Gewürz, das an Nadelgehölz reift: die Beeren des **Wacholder**. Zu Gin vergeistigt sind diese zwar ganzjährig kostbar. Sie lassen sich jedoch nur im Frühherbst von den stechend benadelten Ästen rütteln.

Um es auf den Punkt zu bringen: Der **Fliegenpilz** wurde früher zwar – zerkleinert und mit gezuckerter Milch vermischt – als Fliegenfalle genutzt. Doch er narkotisierte die Fliegen bloß und tötete sie nicht. Was kein Grund ist, ihn in die Pilzpfanne zu schnippeln. Der rot Behütete, diesen Monat noch standesgemäß unter Fichten und Birken zu sehen, ist giftig.

Der **Wattwurm** nimmt gern die U-Bahn, er lebt sogar darin: in einer Röhre im Wattboden, geformt wie ein U. In diesem feuchten Single-Apartment ist wenig Platz für Besuch. Vielleicht pflanzen sich die Vielborster darum eher unpersönlich fort: Zum Vollmond im Oktober gibt das Männchen sein Sperma ins Meer ab und lässt es mit dem Wasser zur U-Bahn-Station eines Weibchens transportieren.

Die Einbruchserie dauert schon ein paar Wochen an. Der Täter ist bekannt und wird doch selten geschnappt: der **Totenkopfschwärmer**. Dieser Wanderfalter parfümiert sich mit Fettsäuren ein. Das Gemisch gleicht dem Geruch von Honigbienen. Olfaktorisch getarnt dringt er in deren Stock ein, die Bienen lassen ihn passieren – und das Honiglager leeren.

NATUR-TICKER:

+++ Feiner Zug: Die Kraniche fliegen ins Winterquartier. Bis zu 70 000 Tiere sammeln in den vorpommerschen Boddengewässern Kraft und Nahrung. +++ Auf und davon: Anfang des Monats starten auch die letzten Schwarzstörche gen Süden. +++ Allheilmittel: Noch diesen Monat strahlt die Ringelblume orangefarben. +++ Netzwerkarbeit: Die Weibchen der Gartenkreuzspinnen legen ihre Eier in Kokons – und sterben im Anschluss. +++ Massenphänomen: Der Hallimasch hat Hochsaison und treibt seine Fruchtkörper aus Holz und Boden. +++ Ausdauernd: Manch unauffällige Pflanze wie Spitzwegerich und Knöterich entfaltet auch im Oktober noch ihre Blütenstände. +++ Ahoi! Im Herbst ziehen sich viele Schweinswale in küstenfernere Gebiete zurück.

+++

GEWICHTSKONTROLLE

Wie viel wiegt eine Wolke?

Ohne das Ganze aufbauschen zu wollen: Das Gewicht einer Wolke exakt zu bestimmen ist quasi unmöglich. Denn dafür müsste man eine Wolke exakt vermessen, was bei manch flüchtigem Firmamentenflausch schon deshalb schwierig ist, weil sich kaum abgrenzen lässt, wo der eine endet und der nächste anfängt. Doch genau darauf kommt es beim »Wolken-Wiegen« an – auf die Größe und die enthaltene Wassermenge.

Aus wie vielen Tropfen eine Wolke besteht, ist letztlich eine Typfrage: Ein anthrazitfarbener Kumulonimbus-Haufen, im Volksmund Gewitterwolke genannt, speichert deutlich mehr Wasser als seine Schönwetter-Verwandtschaft, die fluffige Kumulus-Watte. *Die* Wolke gibt es also nicht. Experten unterscheiden zehn Gattungen und vier Höhenlagen.

Nun mal angenommen, am Himmel schwebte eine Kumuluswolke von der Größe eines Fußballfeldes, die dazu etwa einen Kilometer hoch ist. Die Wolke brächte es bei knapp einem Gramm Wasser pro Kubikmeter auf ein Gesamtgewicht von bis zu zehn Tonnen!

Könnte man sie auswringen wie ein nasses Handtuch, dann regneten auf das erdachte Fußballfeld also bis zu 10 000 Liter Wasser.

Nur gut, dass die Schwergewichte nicht vom Himmel donnern können. Oder besser gesagt: dass sie, wenn sie es tun, in ihre Einzelteile zerfallen – in Regentropfen.

IN DER PATSCHE

Kann ein Mensch im Moor versinken?

Ein falscher Schritt, schon steckt man im Schlamassel. Im Matsch, Modder, Morast. Moore bestehen zu rund 95 Prozent aus Wasser; das ist mehr, als in Bier steckt. Doch diese Brühe hat es in sich: Sie umschließt abgestorbene Pflanzenreste, die – untergetaucht – keine Luft bekommen und sich darum nicht vollständig zersetzen. Nach und nach entsteht daraus Torf, jener Schlamm, der allein hierzulande Hunderte Moorleichen konserviert hat …

Droht in diesem Schmodder also tatsächlich der Untergang? Nun, zunächst einmal ist es schwierig, ein intaktes Moor in Deutschland zu finden, in dem man versinken könnte. Einst bedeckten Moore etwa vier Prozent der Landesfläche, vor allem in der norddeutschen Tiefebene und im Vorland der Alpen. Gut 90 Prozent dieser Areale wurden in der Vergangenheit trockengelegt, unter anderem, um Torf abzubauen, der ein begehrter Brennstoff war.

Doch auch in den verbliebenen, noch naturnahen Mooren würde niemand vollständig in der Versenkung verschwinden, sondern lediglich in die eiskalte, schwarzbraune Soße eintauchen. Denn die Dichte des menschlichen Körpers ist etwa so groß wie jene von Wasser – und geringer als die des Torfschlamms.

Sich aus dem Matsch zu befreien ist dennoch nicht ganz einfach. Die Pampe ist zu zäh für Schwimmzüge, zu schwabbelig, um sich abzustützen. Verschlammte drehen sich am besten auf den Rücken, um die eigene Oberfläche zu vergrößern, und helfen sich so als »Rückenschwimmer« selber aus der Patsche.

DIE Apfelernte ZEIT IST REIF

Wer in diesem Monat einen Korb bekommt, nutzt ihn am besten für die Apfelernte. Die ist jetzt nämlich in vollem Gange. Experten schätzen, dass von den weltweit rund 30 000 Sorten bis zu 2000 in Deutschland reifen.

Da gibt sich der alte »Finkenwerder Herbstprinz« die Ehre, ebenso der »Golden Delicious« – ein besonders Süßer! Eher angesäuert kommt der »Elstar« daher, obwohl er bei uns zu den beliebtesten Äpfeln zählt, genau wie der gern mal herbe »Boskoop«. Süß, sauer, süß-sauer: Im Schnitt isst jeder Deutsche mehr als 23 Kilogramm Äpfel pro Jahr. Und wer mag, erntet diese jetzt selber. Zum Beispiel im Alten Land, dem Obstanbaugebiet vor den Toren Hamburgs. Dort bieten einige Bauern das Selberpflücken auf ihren Plantagen an.

Ankippen, drehen, sanft vom Baum zupfen: Wann welcher Apfel den richtigen »Teint« hat, geerntet und genossen werden darf, ist abhängig von der Sorte – auf die man sich mit einer Apfelbaumjahrespatenschaft sogar spezialisieren kann. Das Beste daran: Entgegen üblicher Kindspatenschaften müssen Apfelbaumonkel oder -tante hier nichts

schenken. Sie werden beschenkt, und zwar mit sämtlichen Früchten, die der Baum trägt.

Für alle, die ihr Pflücker-Glück an herrenlosen Bäumen in der Prärie versuchen: Auch Fallobst lässt sich verwerten. Bevor die Äpfel auf der faulen Haut liegen, Früchte aufsammeln und pressen (lassen), zu Most. Prost!

NOVEMBER

* Monats statistik *

NAME:

Das lateinische *novem* heißt übersetzt neun. Weil eben auch der November einst zwei Stellen früher im Jahreslauf stand.

TAGE:

30. Der Monat startet mit demselben Wochentag wie der März. Das ist - außer in Schaltjahren - auch derselbe wie am 1. Februar.

MITTLERES TEMPERATURMAXIMUM: 7 °C

MITTLERES TEMPERATURMINIMUM: 1,7 °C

REGEN-/SCHNEETAGE > 1MM: 11

SONNENSTUNDEN PRO TAG: 2

BESONDERHEIT:

Früher wurde der November auch Windmond oder Nebelmond genannt. Kein Wunder: Nun peitschen gern mal Herbststürme übers Land, und Nebel hüllt Städte, Dörfer, Berge und Wälder ein. Einer der nebelreichsten Orte Deutschlands ist, wie erwähnt, der Harzer Brocken.

BAUERNREGELPOESIE:

»Bringt der November Morgenrot,
der Aussaat dann viel Schaden droht.«
»Friert im November zeitig das Wasser,
wird's im Januar umso nasser.«

TIER DES MONATS NOVEMBER

DER WALDKAUZ

Beziehungsweise:

Strix aluco

IN KÜRZE

ABMESSUNG: Die Schwergewichte sind die Weibchen mit an die 600 Gramm Federn, Speck, Muskeln und Knochen. Dank des lockeren Gefieders wirken die Vögel größer, als sie es mit ihren rund 40 Zentimeter Körperlänge in Wirklichkeit sind.

ZUHAUSE: Wälder, Parks und Friedhöfe. Hauptsache, es wachsen alte, knorrige Bäume mit Höhlen.

IM NOVEMBER: verdrehen sich die streng monogamen Kauzpärchen den Kopf immer wieder aufs Neue.

Von wegen, kauzige Typen sind beziehungsunfähig. Waldkäuze beweisen das Gegenteil: Die Nachtschwärmer zeichnen sich durch bedingungslose Treue aus. Ihr Liebesgeheimnis: Sie lassen einander Freiraum, mit einer Trennung auf Zeit nach jeder Brut. Dann teilen sie lediglich das Revier, nicht aber den Astplatz, und genießen das Singleleben in vollen Zügen. Erst jetzt im November ziehen die Pärchen mit viel herzlichem »Huuuhuuu« wieder zusammen: Die Herbstbalz beginnt.

Selbstverständlich fremdeln die monogamen Käuze nach ihrer Teilzeit-Fernbeziehung. Männchen und Weibchen müssen sich erst wieder aneinander gewöhnen. Aus diesem Grund rufen sie sich immer häufiger an, entdecken ihre Zuneigung alljährlich neu und rücken Tag für Tag einen bisschen näher zusammen. Bis die Krummschnäbel schließlich wieder denselben Rastplatz aufsuchen und gemeinsam in (die) Deckung gehen. Paarpsychologisch betrachtet ist das wohl vorbildliche Beziehungsarbeit. Jedenfalls überdauern die Eulen verpartnert Kälte, Nässe und die Stress-Tristesse des Winters.

Im frühen Frühjahr dann, zur Hochbalz, suchen die wiedervereinigten Waldkäuze nach einem Nistplatz für den Nachwuchs. De facto fliegt der Mann voraus und ruft nach seiner Angetrauten, sobald er eine geeignete Höhle in einem Baumstamm, eine Felsspalte oder ein vakantes Greifvogelnest entdeckt hat. Dabei schlägt er wild mit den Flügen. Die Entscheidung, wo die beim Schlüpfen gerade mal rund 30 Gramm leichten Kauzkinder groß werden, trifft jedoch die Eulenfrau.

Eigentlich erstaunlich, dass die so fortschrittlichen Käuze dann doch auf die eher klassische Rollenverteilung setzen: Sie putzt für die Ablage der mindestens zwei, oft vier Eier umgehend das Interieur der Behausung. Auch die rund vierwöchige Brut meistert das Weibchen allein. Und das Männchen? Bringt die Mäuse nach Hause.

Das Line-up im NOVEMBER

Der November eignet sich perfekt für jedwede Nacht- und Nebelaktion. A) werden die Nächte länger. B) wabern in diesem Monat besonders viel Dunst und **Nebel** durch die Luft. Denn diese kühlt sich ab und kann darum weniger Wasserdampf halten. Der kondensiert über dem Boden, die Landschaft verschleiert.

Auf einem Abstiegsplatz stehen jetzt die **Gämsen** in den Alpen. Rieselt der erste Schnee, schwingen sie die Hufe und klettern hangabwärts. Auf Kuppen etwa, die der Wind schneefrei pustet. Dort gelangen sie leichter an Futter wie Moos und Flechten. Ansonsten nehmen Gämsen das Winterwetter sportlich: Bisweilen rodeln sie auf ihren Hinterläufen die Pisten hinab.

Vorsicht, Abfall! Jetzt segelt die Last vom Ast. Eine Buche etwa wirft im Schnitt 80 Kilogramm Laub zu Boden, rund 500 000 **Blätter** pro Herbst. Springschwänze, Asseln, Milben, Tausendfüßer, Ohrwürmer und und und ... stürzen sich auf diesen »Blattsalat«, bis nichts als Feinripp übrigbleibt. In einem Langzeitprojekt recyclen Regenwürmer, Pilze und Bakterien den Naturmüll zu Humus.

Dringend: **Feuersalamander** suchen großzügige Winterwohnung zur Zwischenmiete, Untergeschoss bevorzugt (Höhlen, Bergwerksstollen). Das möglichst feuchte Quartier in der Top-Lage Laubmischwald sollte WG-geeignet sein. Erwünscht sind mehrere Schlaf- und Ruheplätze in Form von Fels- und Bodenspalten. Einzug: ab sofort.

Welch genialer Zapfenstreich der **Fichte**! Ist dieser Tage das Wetter trocken, öffnet sie die Schuppen und entlässt ihre millimeterkleinen Samen zwecks Vermehrung. Beflügelt drehen und schrauben sich die Winzlinge durch die Luft – selbst bei Windstille bis zu 300 Meter weit.

Nur die Harten kommen in den Garten. **Rotkehlchen** zum Beispiel, die größtenteils in Deutschland überwintern. In Parks und Gärten stochern sie nach Würmern und Insekten. Diese haben sich jedoch tief ins Erdreich zurückgezogen. Zeit, die Ernährung umzustellen und sich den Bauch am Strauch vollzuschlagen, etwa mit Vogelbeeren und Liguster.

Wie man seinen Schatz im Sturm erobert? Erstens: An Nord- oder Ostsee fahren. Zweitens: Mieses Wetter abwarten, das die See aufwühlt. Drittens: Sobald es hell wird, morgens den Strand ablaufen. Viertens: Den Schatz aufheben, den die Wellen auf den Sand gehoben haben: **Bernstein**. Auf Rügen zum Beispiel soll man dank der Stürme im Herbst fast doppelt so viele schillernde Schätze finden wie im Sommer.

Mufflons haben all ihre Sinne beisammen: Die Wildschafe können exzellent riechen, hören und sehen. Widder wittern Weibchen selbst auf Hunderte Meter Entfernung, was in der momentanen Brunftsaison durchaus hilfreich ist. Ein paar Rammstöße, Mann gegen Mann, Horn gegen Horn, schon startet die Begattung.

Der **Europäische Aal** ist kein europäischer Aal, auch wenn er sein Leben in unseren Gewässern verbringt. Tatsächlich stammt er aus der Sargassosee im Atlantik südlich der Bermuda-Inseln. Und genau dorthin kehren die »Best Ager« unter den Aalen nun zurück: zum Paaren, Laichen und Sterben. In stürmischen Nächten schlängelt die »S-Klasse« los, von Bach zu Fluss zu Strom zum Meer. Geplante Reisedauer: ein Jahr, manchmal anderthalb.

Wenn **Lachse** hechten, dann haben sie nur ein Ziel: Heimatwasser. Denn die Fische laichen am Ort der Herkunft und wanderschwimmen darum durch den Atlantik und die Nordsee, etwa bis zurück in den Rhein und die Sieg. Am Buisdorfer Wehr bei Siegburg zeigen einige der Leichtathleten in diesen Wochen ihr Hochsprungtalent.

NATUR-TICKER:

+++ Stillgestanden! Bei Temperaturen unter zehn Grad Celsius setzt im Pflanzenreich die Vegetationsruhe ein. +++ Abgang: Ameisen verkriechen sich in ihr Nest unter Tage. +++ »Freeze«: Auch Fische, Frösche und Eidechsen verfallen in Winterstarre; ihre Körperfunktionen knipsen sie nahezu aus. +++ Oh wei, das Geweih! Rehböcken fällt es jetzt vom Haupt, doch sie schieben gleich neue Stangen nach. +++ Aller guten Dinge sind drei: In warmen Jahren findet sich an Brennnesseln noch eine dritte Generation der Raupen von Admiral oder Landkärtchen. +++ Klein, aber oho: Im Laub packen millimeterwinzige Moosskorpione Springschwänze mit ihren Scheren – und vertilgen sie. +++ Aus die Laus: Vor dem Erfrierungstod hinterlassen Blattläuse als »Erbe« ihre robusten Eier. Nach dem Winter schlüpfen daraus die Läuschen. +++

BITTE NICHT STÖREN

Wovon werden Tiere winterschläfrig?

Atemlos durch die Nacht, das schafft der Igel nicht ganz. Doch hat er sich erst einmal eingeigelt, drosselt er seine Atmung so stark herunter, dass er bisweilen minutenlang überhaupt nicht mehr Luft holt. Auch den Herzschlag senkt er drastisch: Im Energiesparmodus schiebt er fünf bis sechs Monate lang eine verdammt ruhige Kugel. Augen zu und durch!

Bleibt die Frage: Was genau macht ihn so winterschläfrig? Woher weiß er, dass es Zeit ist, sich in Hecken, Erdmulden oder Reisighaufen zu verabschieden?

Nun, wann sich Tiere zum Dauerschlummern zurückziehen ist unterschiedlich. Der Igel rollt sich in der Regel zusammen, sobald in diesem Monat ein schmuddeliger Herbsttag auf den nächsten folgt und die Temperaturen dauerhaft unter zehn Grad Celsius fallen. Auch Fledermäuse beginnen dann mit ihrer Hängepartie: Sie stellen ihre Nachtflüge ein, wenn das Insektenfutter nicht mehr schwirrt. In Stollen und

Höhlen starten sie kopfüber in den Winterschlaf. Siebenschläfer haben da längst auf Standby geschaltet: Für rund sieben Monate verkriechen sie sich in Baumhöhlen, auch schon im September. Doch sie treibt nicht die Kälte ins Winterquartier, Auslöser sind die merklich kürzer werdenden Tage.

In den Bergen wiederum hören Alpenmurmeltiere auf das Ticken ihrer »inneren Jahreszeituhr«: Mit Extraspeck an den Hörnchenhüften machen sie Schicht im Schacht und dösen im wärmenden Kuschel-Kollektiv dem Frühling entgegen. Die dicksten Murmel schlummern am besten. Aufstand gibt's nur, wenn einer mal muss und zur Klokammer schlurft.

VIEL WIRBEL

Wie braut sich ein Orkan zusammen?

Unter Druck bläst sich so mancher auf. Bisweilen auch ein Orkan. Diese Stürme peitschen in unseren Breiten vor allem im Herbst und Winter übers Land – und das mit einer Windgeschwindigkeit von mehr als 117 Kilometer pro Stunde.

Denn über dem Nordatlantik prallen in diesen Wochen die besonders kalten Polarluftmassen auf die angenehm temperierte Warmluft der Tropen. Die Luftdruck- und Temperaturunterschiede könnten größer nicht sein. Um Ausgleich bemüht, steigt die warme Luft nach oben, die kalte sinkt. Zudem strömt die hitzige Äquatorluft in nördliche Richtung, die coole Arktisbrise gen Süden. Ein windiges Hin und Her! Und wie das bei Massenbewegungen häufig der Fall ist, verstärken sich auch die Luftströme gegenseitig.

Nicht zuletzt sorgt die Drehung der Erde für Zusatzwirbel – fertig ist der Orkan. Ein Himmelstürmer, der Wolken vor sich hertreibt und ganze Landstriche zu verwüsten vermag. Auf der Beaufort-Skala, dem meteorologischen Vom-Winde-verweht-Einstufungssystem des britischen Admirals Sir Francis Beaufort (1774–1857), bildet er mit der 12 die höchste Stufe. Wenn ein Orkan über Wälder, Felder und Orte fegt, geht schließlich so manches in die Luft.

WILD, ROMANTISCH

Die Welt der Wisente

Im Frühjahr rückten die Bullen an. Genau genommen waren es ein Bulle, ein Harem Kühe und zwei Kälbchen, damals im Jahr 2013, als im Rothaargebirge die ersten Wisente ausgewildert wurden. Die Superlative unter Europas Rindern – massig, mächtig, majestätisch – sehen aus, als könnte ihnen so ziemlich jeder den Buckel runterrutschen. Groß genug dafür ist der knöcherne Widerrist zwischen Kopf und Rücken allemal.

Tatsächlich jedoch waren die zwischen 500 und 1000 Kilogramm schweren Kolosse in Deutschland seit langem ausgestorben: Lebensraumverlust und Wilderei hatten ihnen zugesetzt. Nur in Zoos und Tierparks überlebte ein Dutzend. Das war die Rettung der Art! Alle Europäischen Wisente gehen auf diese zwölf Tiere zurück – auch jene, die nun mit großen Schritten (von immerhin anderthalb Metern Länge!) durch den Wisent-Wald bei Bad Berleburg im Kreis Siegen-Wittgenstein streifen. Meist lassen sie dabei den gehörnten Kopf hängen – und sind doch keine Rinderkinder von Traurigkeit. Diskret formuliert: Die Herde wächst. Aufspüren lässt sie sich allerdings selten; zu scheu sind die Tiere, zu groß ist der Wald.

Und trotzdem können Menschen den wuchtigen Zotteln auf den Pelz rücken und ihre modische »Volahiku-Haarpracht« (= vorne lang, hinten kurz) aus der Nähe begutachten: Auf einem rund 20 Hektar großen, eingezäunten Areal lebt und brunft am Rothaarsteig eine zweite Herde. Ein Wanderpfad quert die »Wisent-Wildnis«, die auch im Herbst und Winter ein Erlebnis ist, etwa bei geführten Nebel- und Sturm- oder Schneeschuh-Touren durchs Gelände.

DEZEMBER

* Monats statistik *

NAME:

Im römischen Kalender war der *December* einst der zehnte Monat. Vom lateinischen *decem* für zehn hat der Dezember seinen Namen.

TAGE:

31. Der Dezember beginnt stets mit demselben Wochentag wie der September.

MITTLERES TEMPERATURMAXIMUM: 3,4 °C

MITTLERES TEMPERATURMINIMUM: -1,4 °C

REGEN-/SCHNEETAGE > 1MM: 11

SONNENSTUNDEN PRO TAG: 1,4

BESONDERHEIT:

Der Tag der Sonnenwende – am 21. oder 22. Dezember – ist verdammt kurz, auf der Nordhalbkugel der kürzeste des Jahres. Des Weiteren nicht vergessen: Der 5. Dezember ist »Weltbodentag«, der 11. Dezember der »Internationale Tag der Berge«.

BAUERNREGELPOESIE:

»Ist der Dezember rau und kalt, kommt der Frühling auch schon bald.«
»Wenn dunkel der Dezember war, dann rechne auf ein gutes Jahr.«
»Dezember mild, mit vielem Regen, ist für die Saat kein großer Segen.«

TIER DES MONATS
DEZEMBER

DER MAULWURF

Eigenbrötlerisch:

Talpa europaea

IN KÜRZE

ABMESSUNG: Die 10 bis 17 Zentimeter lange Walze bringt maximal 130 Gramm auf die Waage.

ZUHAUSE: unter uns, in nicht zu trockenem Erdreich von Wiesen, Wäldern, Parks und Gärten.

IM DEZEMBER: kältebedingt etwas tiefgründiger als sonst (rund 50 Zentimeter unter der Oberfläche), dennoch ständig am Baggern, um nicht zu verhungern.

Jetzt kommt der Maulwurf in die Gänge – und zwar ständig. Er ist ebenso tag- wie nachtaktiv, hält keine Winterruhe und auch keinen Winterschlaf. Alle paar Stunden patrouilliert er durch seine oberflächennahen Tunnel, bisweilen mit einem Spitzentempo von knapp 70 Metern pro Minute.

Die Beutetiere des Erdenbürgers – Würmer, Schnecken, Käfer, Larven, Engerlinge – bewegen sich im kalten Boden weniger. Sie plumpsen nicht wie sonst so oft in seine Gänge, vor seine Schnauze, deshalb muss er mit seinen Grabschaufeln umso beherzter nach ihnen baggern. Rund 50 Gramm Nahrung braucht er täglich – das ist etwa die Hälfte seines Körpergewichts.

Gern legt er sich darum schon vor dem Winter Frischfleisch in die Kammer und beißt so manchem Regenwurm das Vorderteil ab. Der Wurm ohne Wurmfortsatz lebt weiter, kann aber nicht fliehen. Da kennt der Maulwurf kein Gnade: Nach dem Wurm ist vor dem Wurm. Halali!

Ein Sensibelchen ist der Säuger dennoch – an Schnauze und Schwanz. Dort sitzen seine empfindlichen Tasthaare, mit denen er sich unter Tage orientiert und jede noch so kleine Erschütterung wahrnimmt. Auch sein Gehör funktioniert einwandfrei. Nur die Augen sind trübe, vermutlich unterscheidet er nicht mehr als hell und dunkel. Was nicht schlimm ist, viel zu gucken gibt es im Erdreich eh nicht: Der schwache Tunnelblick genügt, und aus seinen im Rückwärtsgang aufgeworfenen Hügeln lugt er sowieso eher selten.

Nicht einmal mit Nachbarn will sich der Einzelgänger treffen. Potentiellen Besuch warnt er per Drüsensekret vor dem Betreten seines Labyrinths. Mit Ausnahme der Paarungszeit im Frühling gehen ihm Begegnungen jeglicher Art gehörig gegen den Strich. Besser gesagt: Sie würden ihm gegen den Strich gehen, hätte sein Fell einen solchen. Tatsächlich bürstet der Maulwurf bequem vor- wie rückwärts durch seine Schächte, und die Frisur sitzt!

Das Line-up im DEZEMBER

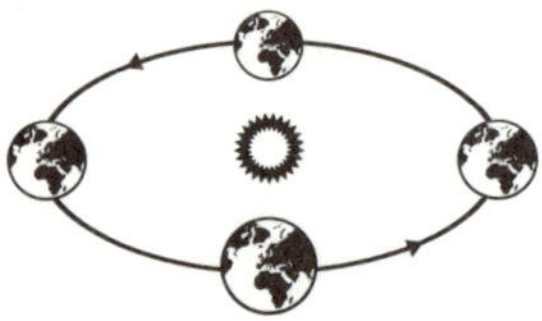

Nicht der helle Wahnsinn, aber immerhin ein Anfang: Am 21. oder 22. Dezember ist **Wintersonnenwende**. Jener Zeitpunkt also, an dem sich die Nordhalbkugel der Erde am weitesten von der Sonne abwendet. Trotzdem sehen wir Licht am Horizont: Ab sofort werden die Tage länger, lichter, leichter.

Mit Kind und Kegel belagern sie Helgoland: Die **Kegelrobben** werfen Junge; der Sandstrand der vorgelagerten Düneninsel verwandelt sich in eine Neugeborenenstation. Drei, vier Wochen lang säugen dort die Muttertiere ihren wollig-weißen Nachwuchs, bis der rund, gesund und frisch bepelzt ist. Prädikat: nordseetauglich.

Laub, Grashalme, Bäume und Sträucher beschlagen dieser Tage häufig, vor allem nachts, wenn die Lufttemperatur unter den Gefrierpunkt sinkt. Dann verwandelt sich Wasserdampf in Eis: **Reif** ziert in Form zarter Nadeln und Schuppen die Landschaft.

Eine Perle der Natur bringt die immergrüne **Mistel** hervor. Besser gesagt gleich mehrere. Denn die glasigen Früchte des Halbschmarotzers reifen jetzt, mitten im Winter, und sind, dem saisonüblichen Kahlschlag sei Dank, im Geäst von Weiden, Pappeln, Buchen, Birken und Co. gut sichtbar.

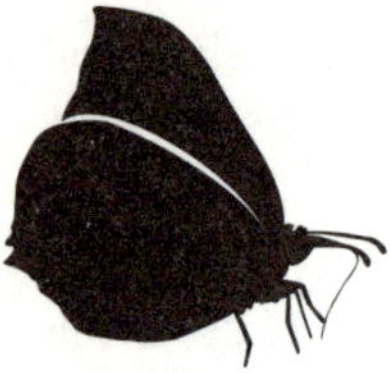

Läuft – beim **Zitronenfalter**. Vorm Winter lässt er ordentlich Körpersaft ab. Sucht sich dann einen vertrauenswürdigen Spalt im Baum oder ein ebensolches Blatt, klappt die Flügel zusammen und verharrt dort stocksteif bis zum Frühjahr. Ein Ende als Schmetterlings-Ötzi muss er dennoch nicht fürchten: Körpereigenes Glyzerin wirkt als Frostschutzmittel, selbst bei Temperaturen von minus 20 Grad Celsius.

Wehe, die **Schlehe** wird vor dem ersten Frost beerntet. Dann stecken in ihren Früchten noch eine Menge Gerbstoffe – geschmacklich führt das zu manch herber Enttäuschung. Unsere Empfehlung: Die blauen Perlen erst jetzt vom Strauch zupfen. Denn die Après-Frost-Frucht ist eine Süße, lecker obendrein. Gerade, wenn sie unter Alkoholeinfluss steht und im Glühwein endet.

Schwarm-Alarm auf Äckern und Feldern: In großen Gruppen suchen die ruffreudigen **Saatkrähen** nach Würmern, Samen, Nüssen, Früchten, Käfern und sonstigem Getier. Zum Schlafen besetzt der »schwarze Mob« gern in voller Truppenstärke Bäume.

Eis am Stiel: An windstillen Tagen mit hoher Luftfeuchtigkeit, bei Temperaturen nur knapp unter null Grad Celsius, trägt Totholz eine Frost-Frisur – es bildet **Haareis**. Dabei wachsen feine Fäden auf den Ästen, ein Pilz im morschen Holz verhindert die Bildung großer Kristalle. Doch welch vergängliche Schönheit! Holz-Rapunzels wallende Mähne ist keine Dauerwelle, tagsüber schmilzt sie schnell dahin.

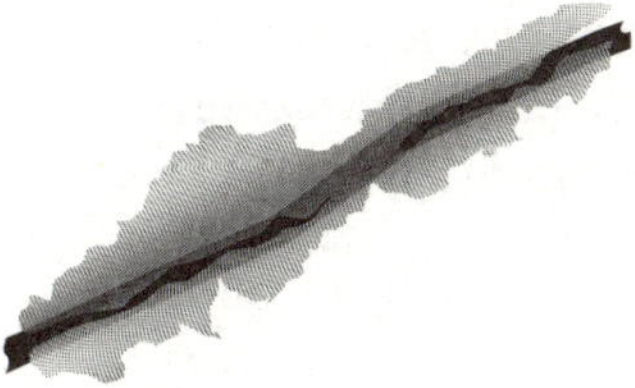

Federführend unter den winterharten Arten ist das **Auerhuhn**: Auf warm befiederten Füßen stapft es durchs Hoch- und Mittelgebirge, knabbert hier eine Kiefer-, dort eine Tannennadel. Dank der winzigen Hornstifte seitlich der Zehen sinkt es kaum in den Schnee und steht so mit beiden Hühnerschenkeln fest im Winter.

Wie dufte, wenn der **Winterschneeball** blüht. In Parks und Gärten zeigt der Strauch oft schon zum Jahresende die ersten zartrosa Blüten, sie verströmen einen intensiven Geruch. Eine Art »Schneeballeffekt« zeigt sich im Verlauf der nächsten Monate: Bis März werden die Blütenbüschel immer heller.

NATUR-TICKER:

+++ Auftritt im Ensemble: Drosseln suchen in Hecken nach Früchten, Finken picken nach Samen. +++ Aufschneider: In strengen Wintern knuspern Wildkaninchen die Rinde von Ästen und Sträuchern ab. +++ Obenauf: Nach heftigem Status-Gerangel im Herbst beginnt nun, ganz friedlich, die Paarung der Steinböcke im Gebirge. +++ Rundumschlag: Bei Temperaturen um null Grad Celsius fällt Niederschlag ab und an auch in Form kleiner Graupelklümpchen mit einem Durchmesser von maximal fünf Millimetern. +++ Vitamin-C-Speicher: Diesen Monat noch schmücken orangerote Früchte die holzigen Zweige des Sanddorns. +++ Zu Besuch: Arktische Wildgänse sind aus Sibirien nach Deutschland eingeflogen, um zu überwintern – etwa am Unteren Niederrhein. Der NABU bietet Exkursionen an. +++

AUF BIEGEN UND BRECHEN

Warum knirscht Schnee?

Nicht überall, doch mancherorts in Deutschland ist der Boden im Winter sternhagelvoll – bedeckt von sechsstrahligen Eiskristallen, die sich oft schon im Flug, spätestens aber auf Erden zu luftigen Flocken verhaken: Schnee. In einer frischen Schicht davon knirscht jeder Schritt winterromantisch unter den Sohlen.

Denn unter dem Druck unseres Lebendgewichts brechen die Arme der Kristalle samt all der Ästchen, die sich wiederum von ihnen abzweigen. Genau das lässt das Pulver lärmen; die Bruchstellen reiben aneinander, es knarzt. Dabei gilt: Je knackiger die Temperaturen, desto lauter ächzt der Schnee. Bei Minusgraden sind die Kristalle nämlich besonders fest, die Brüche aus diesem Grund gut hörbar. Bei Temperaturen um den Gefrierpunkt dagegen knicken die Ärmchen nicht so schnell ein, weil sie biegsamer und geschmeidiger sind. Zudem schmiert dann ein Wasserfilm ihre Oberfläche, das verringert die Reibung.

Auch Flocken, die schon länger am Boden liegen, knistern leiser. Denn mit der Zeit verlieren die Kristalle ihre Arme – Schnee von gestern halt.

STEHVERMÖGEN

Wozu haben Bäume runde Stämme?

Kurz und knapp: Der runde oder wenigstens ovale Stamm ist die Idealfigur eines jeden Baumes. Das hat viele Gründe. Werfen wir zunächst einen Blick auf die demographische Entwicklung des Waldes; genauer: auf das biologische Alter, das Bäume erreichen können (wenn man sie lässt).

Fichten, hierzulande die häufigste Baumart, schaffen locker ihren 300. Geburtstag und gedeihen gern darüber hinaus. Kiefern werden auch mal 500, Buchen zwischen 250 und 400 Jahre alt. Manche Eichen wurzeln sogar mehr als 850 Jahre auf der Erde! Fazit: Bäume leben ziemlich lange, noch dazu am angestammten Platz.

Es gilt also, Stehvermögen zu bewahren, sämtlichen Herbststürmen, Wind und Wetter zum Trotz. Eine runde Figur bietet dabei die kleinste Oberfläche pro Volumen. Praktisch, denn so verdunstet weniger Wasser, und der Baum schützt sich vorm Austrocknen.

Zudem kann der Wind noch so kräftig blasen – gerundet hat der Stamm weniger Angriffsfläche und knickt nicht so schnell ein. Damit ist er deutlich sturmstabiler als eckige Gebilde. Und selbst wenn Wildtiere, Keiler oder Hirsche etwa, gegen das Holz rumsen, bringt das den Baum nicht aus dem Gleichgewicht. Stand- und stammfest hält er dagegen und wird auch nicht verletzt.

Vierkantige Stängel gibt es im Pflanzenreich auch, bei Wasserminze und Brennnessel zum Beispiel. Allerdings leben diese Gewächse deutlich kürzer – und sehen in ihrer Lebensplanung keinen größeren »Aufstieg« vor.

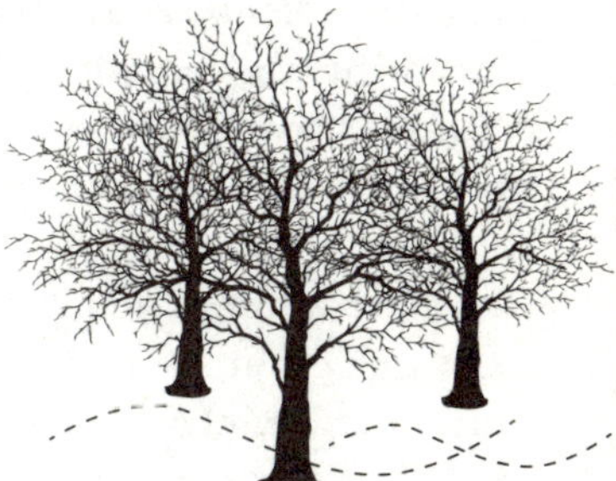

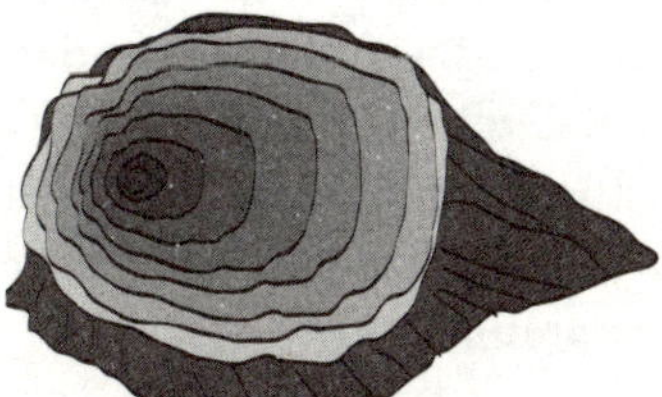

STAR-AUFLAUF IN DEUTSCHLAND

Sternenparks

Schwarze Löcher gibt es hierzulande nicht viele, doch Gülpe ist definitiv eines, und genau aus diesem Grund lassen sich in dem 160-Einwohner-Ort zahlreiche Stars und Sternchen blicken. Denn in Gülpe im Westhavelland gibt es so gut wie keine Lichtverschmutzung: kein Flutlicht, kein Blingbling von Werbetafeln, keine strahlenden Bürotürme. Hier ist der Tag Tag, die Nacht Nacht – und das mit großem Starpotenzial am Firmament. Zum Glück.

Forschern dämmert es nämlich schon lange, dass zu viel Kunstlicht verheerende Folgen hat: Falter, Fliegen und Mücken verwechseln Straßenlaternen mit dem Mond. Die Insekten verglühen an den Lampen oder kreiseln so lange drumherum, bis sie an Erschöpfung sterben. Zugvögel kommen von ihren Routen ab, da sie den Sternenhimmel zur Orientierung benötigen – der aber im Dunst der Neonlichter versinkt. Und wir Menschen, dem »Schwarzsehen« entwöhnt, schlafen immer schlechter. Zu viel Kunstlicht mit hohem Blauanteil stört die Produktion des »Schlafhormons« Melatonin.

Nicht so in Gülpe und im Westhavelland. Der Naturpark wurde von der »International Dark Sky Association« im Jahr 2014 als erstes »Sternenreservat« Deutschlands anerkannt, kurz darauf auch das Biosphärenreservat Rhön. Der Nationalpark Eifel darf sich »Sternenpark« nennen: Das sind Deutschlands dunkelste Flecken. Wo, wenn nicht dort, lohnt eine Nachtschwärmerei?

Gute Aussichten versprechen geführte Sternguckertouren durch die Schutzgebiete, wenigstens in klaren Nächten. Aber auch allein ist die Glamourshow ein Erlebnis. Tipp: Am besten erst anderthalb Stunden nach Sonnenuntergang losziehen, und nicht in hellen Vollmondnächten. Sternenkarte und eine Kopflampe mit Rotlicht einpacken, Letzteres stört die Nachtsicht der Augen nicht. Diese brauchen bloß zehn Minuten, dann haben sie sich an die Dunkelheit gewöhnt. An den atemberaubenden Starauflauf wohl kaum.